普通高等教育"十三五"规划教材
高等工科院校卓越工程师教育教材

机械原理与机械设计课程实验指导

（第 2 版）

傅燕鸣　主编

上海科学技术出版社

图书在版编目（C I P）数据

机械原理与机械设计课程实验指导/傅燕鸣主编. —2
版. —上海：上海科学技术出版社,2017.6(2022.7 重印)
普通高等教育"十三五"规划教材　高等工科院校卓越
工程师教育教材
ISBN 978 - 7 - 5478 - 3237 - 0

Ⅰ. ①机…　Ⅱ. ①傅…　Ⅲ. ①机械学 – 实验 – 高等
学校 – 教学参考资料②机械设计 – 实验 – 高等学校 – 教
学参考资料　Ⅳ. ①TH111 – 33②TH122 – 33

中国版本图书馆 CIP 数据核字(2016)第 205870 号

机械原理与机械设计课程实验指导（第 2 版）

傅燕鸣　主编

上海世纪出版(集团)有限公司
上海 科 学 技 术 出 版 社　出版、发行
(上海市闵行区号景路 159 弄 A 座 9F – 10F)
邮政编码 201101　　　www.sstp.cn
常熟市兴达印刷有限公司印刷
开本 787 × 1092　1/16　印张：10.5
字数：260 千字
2017 年 6 月第 2 版　2022 年 7 月第 6 次印刷
ISBN 978 – 7 – 5478 – 3237 – 0/TH · 62
定价：28.00 元

内 容 提 要

本书是为了适应卓越工程师课程改革要求,着力提高学生的学习能力、实践能力和创新能力,满足高等工科院校机械类、近机类学生在机械原理、机械设计和机械设计基础课程学习使用要求而编写的。全书分为3篇,共16章。第1篇为机械原理课程实验,第2篇为机械设计课程实验,第3篇为实验数据的计算机处理方法。附录给出了实验报告的撰写方法及CQYJ-12型静态电阻应变仪简介。

本书可作为高等工科院校卓越工程师教育试点班,高等工科院校本科、大专和成人教育等各类学校的机械类及近机类专业的机械原理、机械设计、机械设计基础课程的实验教材,也可作为有关人员进行教学、科研和工程实践的参考书。

第 2 版前言

教育部于 2010 年 6 月正式启动了"卓越工程师教育培养计划"。"卓越工程师教育培养计划"是贯彻落实《国家中长期教育改革和发展规划纲要(2010—2020 年)》的重要改革项目,也是促进我国由工程教育大国迈向工程教育强国的重大举措。本书作为"高等工科院校卓越工程师教育教材"丛书之一,自 2014 年出版了第 1 版以来,由于在教材体系和内容安排上符合学生的认知规律和课程的教学规律,突出教材的实用性,故深受教师的认可和学生的欢迎。

由于科学技术的迅速发展和设计水平的不断提高,近年来我国修订了大量国家标准和行业标准,更新了技术规范和设计资料。为了与时俱进,适应这些标准、技术规范和资料的更新,本书考虑了当前教学改革和人才培养的需要,在总结《机械原理与机械设计课程实验指导》(第 1 版)使用经验的基础上对本书进行修订。具体做了如下几方面的修订工作:

(1) 增加"液体动压润滑径向滑动轴承油膜压力分布和摩擦特性曲线的测定实验"一章;

(2) 更新最近颁布的国家设计标准、规范和资料;

(3) 更正原版文字、图表中疏漏和印刷错误等问题。

本书第 1～15 章由傅燕鸣编写;第 16 章及附录由傅昊赟编写。插图由傅昊赟、朱磊、周暄妍、李晓腾制作。书稿的计算机文字录入由蔡忠琴完成。

由于编者水平有限,此次修订后,书中仍难免有不妥和误漏之处,殷切期望广大读者批评指正。

编　者

2016 年 12 月于上海大学

学生实验守则

1. 学生必须遵守实验室各项规章制度。进入实验室,要服从指导教师的指导和安排,在规定的房间和设备仪器上工作。

2. 按时到达实验室,不迟到、不早退、不无故缺席。进入实验室应衣着整洁,不得嬉笑喧闹,保持环境安静;严禁吃食,保持实验室整洁卫生。

3. 实验前要根据教学要求做好预习,了解实验的名称、内容,准备好实验用书、文具用品、计算和绘图工具等。

4. 爱护实验设备和器材,要了解有关设备仪器的性能和使用方法,严格按照安全操作规程和听从指导教师的指导进行操作。

5. 设备仪器发生故障时,学生要及时报告指导教师和管理人员,保护现场。如有违反实验制度和操作规程而造成经济损失,除按学校有关规定做出书面检查外,还应根据损失大小予以经济赔偿。

6. 实验应严肃、认真,独立思考,按时完成。

7. 实验完毕,仪器及物品应恢复原位,整理场地,切断电源。

8. 认真写好实验报告,并按时上交指导教师予以评定实验成绩,不交实验报告者,不得参加本课程期末考试。

目 录

CONTENTS

第1篇 机械原理课程实验

第2篇 机械设计课程实验

第 3 篇　实验数据的计算机处理方法

第 1 篇

机械原理课程实验

第1章　常用运动副和机构的认知实验

1.1　常用运动副和机构的认知实验指导

1.1.1　实验目的

（1）了解常用运动副的构成和特点。

（2）了解常用机构的组成、基本类型和应用。

（3）通过对常用机构的认知,建立现代机构设计的意识。

1.1.2　实验设备

机械原理陈列柜(共10柜)主要展示各种常用机构及其应用,介绍机构的类型和结构,演示其工作原理及运动。机械原理陈列柜各柜柜名及陈列的内容见表1-1。

表1-1　机械原理陈列柜各柜柜名及陈列的内容

序号	柜　名	陈　列　内　容
1	机构的组成	前言、蒸汽机、内燃机、各种运动副
2	平面连杆机构的类型	铰链四杆机构的三种基本形式、平面四杆机构的演化形式
3	平面连杆机构的应用	颚式碎石机、飞剪、惯性筛、摄影机平台升降机构、机车车轮联动机构、鹤式起重机、牛头刨床、插床
4	空间连杆机构	RSSR空间机构、4R万向节、RRSRR角度传动机构、RCCR联轴节、RCRC揉面机构、SAR-RUT机构
5	凸轮机构	盘形凸轮、槽形凸轮、移动凸轮、等宽凸轮、反凸轮、端面凸轮、圆锥凸轮、圆柱凸轮、主回凸轮
6	齿轮机构的类型	外啮合直齿轮、内啮合直齿轮、齿轮齿条、斜齿轮、人字齿轮、直齿圆锥齿轮、斜齿圆锥齿轮、螺旋齿轮、蜗轮蜗杆
7	轮系的类型	平面定轴轮系、空间定轴轮系、行星轮系、差动轮系、3K型周转轮系、复合轮系
8	轮系的功用	较大传动比、分路传动、变速传动、换向传动、运动分解、运动合成、摆线针轮减速器、谐波传动减速器
9	间歇运动机构	棘轮机构、槽轮机构、不完全齿轮机构、凸轮式间歇机构
10	组合机构	反馈机构、叠加机构、串联机构、并联机构、复合机构

1.1.3　实验内容

参观机械原理陈列柜。机械原理陈列柜主要解说词是:

同学们,你们好!欢迎大家参观机械原理陈列柜。本陈列柜是根据机械原理课程教学内容设计的,它由 10 个陈列柜所组成,主要展示平面连杆机构、空间连杆机构、凸轮机构、齿轮机构、轮系、间歇机构以及组合机构等常见机构的基本类型和应用,演示机构的传动原理。通过参观,可以帮助大家加强对常见机构的感性认识,并促进对机构设计问题的理解。

第一柜　机构的组成

请大家观看正在运动着的蒸汽机模型。蒸汽机主要由主传动的曲柄滑块机构、控制进排气和倒顺车用的配气连杆机构所组成。工作时,它把蒸汽的热能转换为曲柄转动的机械能。

再请看内燃机的模型。它主要由主传动的曲柄滑块机构、控制点火的定时齿轮机构和控制进排气的凸轮机构所组成。工作时,它将燃气的热能转换为曲柄转动的机械能。

通过对蒸汽机、内燃机模型的观察可以看到,机器的主要组成部分是机构。简单机器可能只包含一种机构,比较复杂的机器则可能包含多种类型的机构。可以说,机器是能够完成机械功或转化机械能的机构的组合。

机构是机械原理课程研究的主要对象。那么,机构又是怎样组成的呢?通过对机构的分析,可以发现它由构件和运动副所组成。

运动副是指两构件之间的可动连接。这里陈列有转动副、移动副、螺旋副、球面副和曲面副等模型。凡两构件通过面的接触而构成的运动副,通称为低副;凡两构件通过点或线的接触而构成的运动副,称为高副。

第二柜　平面连杆机构的类型

平面连杆机构是应用广泛的机构,其中又以四杆机构最为常见。平面连杆机构的主要优点是能够实现多种运动规律和运动轨迹的要求,而且结构简单、制造容易、工作可靠。

铰链四杆机构是连杆机构的基本形式。根据其两连架杆的运动形式不同,铰链四杆机构又可细分为曲柄摇杆机构、双曲柄机构和双摇杆机构三种基本类型。

在曲柄摇杆机构中,固定构件称为机架,能做整周回转的构件称为曲柄,而只能在某一角度范围内摇摆的构件称为摇杆,做平面运动的构件称为连杆。当曲柄为主动件时,可将它的连续转动转变为摇杆的往复摆动。

在双曲柄机构中,它的连架杆都是曲柄。当原动曲柄连续转动时,从动曲柄也能做连续转动。

在双摇杆机构中,两连架杆都是摇杆。当原动摇杆摆动时,另一摇杆也随之摆动。

除上述三种铰链四杆机构外,在实际机器中还广泛采用其他多种形式的四杆机构,它们可以说是由四杆机构的基本形式演化而成的。演化方式如:改变某些构件的形状、改变构件的相对长度、改变某些运动副的尺寸,或者选择不同的构件作为机架等。下面请大家观察各种演化形式的机构。

现在演示的是偏置曲柄滑块机构。当铰链四杆机构的摇杆长度增至无穷大并演化成滑块后,可以得到曲柄滑块机构。当滑块运动轨道与曲柄中心存在偏距时,则为偏置曲柄滑块机构。

现在演示的是对心曲柄滑块机构。在曲柄滑块机构中,当滑块运动轨道与曲柄中心没有偏距时,则为对心曲柄滑块机构。

再看所谓的正弦机构。这种机构的特点是从动件的位移与原动件转角的正弦成正比。它可以看作是在曲柄滑动机构中,连杆长度增至无穷大后演变所得的形式。它多用在一些仪表和解算装置中。

现在转动的是偏心轮机构。它是将曲柄滑块机构的曲柄改作成偏心轮后所得到的机构。从演化角度看,可以认为是将对心曲柄滑块机构中的一转动副的半径扩大,使之超过曲柄长度后所得。

现在演示的是双重偏心机构。请大家在观察它的结构和绘出运动简图后,对照曲柄摇杆机构运动简图思考,它又是怎样演化而来的呢?

现在演示的是直动滑杆机构。曲柄转动时,滑杆在固定的滑块中做直线往复运动。它可以看作是在曲柄滑块机构的基础上,通过改选滑块为机架而获得的演化形式。

现在演示的是摆动导杆机构。在导杆机构中,当曲柄连续回转时,导杆仅能在某一角度范围内往复摆动,导杆与滑块之间做相对移动,则机构为摆动导杆机构。

再来看摇块机构。当曲柄转动时,连杆与摇块之间有相对滑动,摇块相对机架做往复摆动。

最后请看双滑块机构,它是具有两个移动副的平面四杆机构,应用它可设计椭圆仪和十字滑块联轴器。

第三柜　平面连杆机构的应用

首先看颚式碎石机。这是曲柄摇杆机构的一种应用实例。当曲柄绕轴心连续回转时,动颚板也绕其轴心往复摆动,从而将矿石轧碎。

飞剪。这是曲柄摇杆机构的应用。它巧妙地利用连杆上一点的轨迹和摇杆上一点的轨迹的配合来完成剪切工作。剪切钢板时,要求在剪切部分上下两刀的运动在水平方向的分速度相等,并且约等于钢板的送进速度。

惯性筛。这种惯性筛应用了双曲柄机构。当原动曲柄等速转动时,从动曲柄做变速转动,从而固连于滑块上的筛子具有较大变化的加速度;而被筛的材料颗粒则将因惯性作用而被筛分。

摄影机平台升降机构。它是平行四边形机构的应用。这种机构的运动特点是,其两曲柄可以相同的角速度同向转向,而连杆做平移运动。

机车车轮联动机构。它也是平行四边形机构的应用。车轮以相同的角速度同向转向,而连杆做平动。

鹤式起重机。它是双摇杆机构的应用实例。当摇杆摆动时,另一摇杆随之摆动,使得悬挂在吊绳上的重物在近似的水平直线上运动,避免重物平移时因不必要的升降而消耗能量。

牛头刨床的主体机构。它应用了摆动导杆机构,仔细观察刨刀前进和后退的速度变化,会发现这种机构具有“急回运动”的特征。

最后演示的是一种曲柄冲床模型。请观察插床的结构和运动,根据它的机构运动简图思考它是什么机构的应用。

通过上面介绍的八种应用实例,可以归纳出平面连杆机构在生产实际中所解决的两类基本问题:一是实现给定的运动规律,二是实现预期的运动轨迹,这也是设计连杆机构所碰到的两类基本问题。

第四柜　空间连杆机构

首先看 RSSR 空间机构。这是一种常用的空间连杆机构。它由两个转动副(R)和两个球面副(S)组成,简称 RSSR 空间机构。此机构为空间曲柄摇杆机构,可用于传递交错轴间的运动。若改变构件的尺寸,可得到双曲柄或双摇杆机构。

4R 万向联轴节。万向联轴节是用作传递相交轴间的传动。它的四个转动副轴线都汇交于定点,所以是一个球面机构。主动轴以匀角速度转动,则从动轴的角速度是变化的。若采用双万向联轴节,可以得到主动轴与从动轴相等的角速度传动,但应注意安装时必须保证主动轴与中间轴的夹角必须等于从动轴与中间轴的夹角,并且中间轴两端的叉面必须位于同一平面内。万向联轴节两

轴的夹角 α 可在 $0 \sim 40°$ 选取。

RRSRR 角度传动机构。此机构是含有一个球面副和四个转动副的空间五杆机构。机构的特点是输入轴与输出轴的空间位置可任意安排。而且当球面副两构件布置对称时可获得两轴转速相同的传动。

RCCR 联轴节。此联轴节是含有两个转动副和两个圆柱副的特殊空间机构,一般用于传递夹角为 $90°$ 的相交轴之间的转动。在实际应用中,为了改善传力状况而采用多根连杆(本机构采用三根连杆)。

RCRC 揉面机构。RCRC 揉面机构也是一个球面机构。连杆做摇晃运动,利用连杆上某点的运动轨迹,再配合容器的不断转动,从而达到揉面的目的。

SARRUT 机构。这是一个空间六杆机构,用于产生平行位移。其中一组构件的平行轴线通常垂直于另一组构件的轴线。当主动构件往复运动时,顶板相对固定底板做平行的上下移动。

第五柜   凸轮机构

凸轮机构可以实现各种复杂的运动要求,结构简单紧凑,因此广泛应用于各种机械中。凸轮机构的类型也很多,通常按凸轮的形状和从动杆的形状来分类。

尖端推杆盘形凸轮机构。这种凸轮是一个具有变化向径的盘形构件,当它绕固定轴转动时,可推动尖端推杆在垂直于凸轮轴的平面内运动。

滚子推杆盘形凸轮机构。这种带滚子的推杆与凸轮之间为滚动摩擦,所以较尖端推杆的磨损小,能传递较大的动力,应用较为广泛。

平底推杆盘形凸轮机构。这种平底推杆的优点是凸轮对推杆的作用始终垂直于推杆底边,所以受力较平稳,且凸轮与平底接触面间易形成油膜,润滑较好,常用于高速传动中。

除了做往复直线运动的推杆外,我们还可以找到能做往复摆动的推杆。现在大家看到的正是一种摆动推杆盘形凸轮机构。

槽形凸轮机构。它利用凸轮上的凹槽,使凸轮与推杆滚子始终保持接触,这种依靠特殊几何结构来封闭的方法称为几何封闭法或形封闭法。

移动凸轮机构。这是在盘形凸轮基础上演化的移动凸轮机构,凸轮做往复直线运动,推杆在垂直于凸轮运动轨迹的平面内运动。

等宽凸轮机构。它采用了几何封闭法。因与凸轮轮廓线相切的任意两平行线产生的距离始终相等,且等于框形推杆的框形内壁宽度,所以凸轮与推杆可始终保持接触。

反凸轮机构。机构中具有曲线轮廓的凸轮作为从动件时,同样可以实现特定的运动规律。

现在看到的端面凸轮、圆柱凸轮、圆锥凸轮均属于空间凸轮机构。当凸轮转动时,可使推杆按一定运动规律运动。在空间凸轮机构的传动过程中,应通过力封闭法或几何封闭法使推杆与凸轮始终保持接触。

本柜最后陈列的是主回凸轮机构。它用两个固结在一起的凸轮控制一个从动件,其中一个凸轮轮廓(主凸轮)驱使从动件朝正方向运动,另一个凸轮轮廓(回凸轮)使从动件朝反方向运动,这样从动件运动规律便可在 $360°$ 范围内任意选取,克服了等宽、等径凸轮的缺点,但是它的结构比较复杂。

第六柜   齿轮机构的类型

在各种机器中,齿轮机构是应用最广泛的一种传动机构。常用的圆形齿轮机构种类很多,根据两齿轮啮合传动时其相对运动是平面运动还是空间运动,可分为平面齿轮机构和空间齿轮机构两大类。平面齿轮机构用于两平行轴之间的传动,常见的类型有直齿圆柱齿轮传动、斜齿圆柱齿轮传动和人字齿轮传动。

我们先来看外啮合直齿圆柱齿轮机构,它简称为直齿轮机构,是齿轮机构中应用最广泛的一种类型。直齿轮传动时,两轮的转动方向相反。

内啮合直齿圆柱齿轮机构。它由小齿轮和内齿圈组成,传动时两齿轮的转动方向相同。

齿轮齿条机构。它是一种特殊的圆柱齿轮传动。齿条相当于一个半径为无穷大的圆柱齿轮。采用这种传动,可以实现旋转运动与直线往复运动之间的相互转换。

斜齿圆柱齿轮机构,简称为斜齿轮机构。它的轮齿与其轴线倾斜了一个角度,这个角度称为螺旋角。与直齿轮传动相比,斜齿轮传动的主要优点是传动平稳、承载能力较强且寿命较长,突出的缺点是在运转时会产生轴向推力。

如果要完全消除斜齿轮机构的轴向力,可将斜齿轮轮齿做出左右对称的形状,这种齿轮即为人字齿轮机构。人字齿轮制造比较麻烦,主要用于冶金、矿山等大功率传动机构中。

直齿圆锥齿轮机构。它是一种空间齿轮机构,用来传递空间两相交轴或交错轴之间的运动和动力。直齿圆锥齿轮的轮齿为直齿,分布在圆锥体的表面,是应用最广的圆锥齿轮传动。

斜齿圆锥齿轮机构。它的轮齿为斜齿,与直齿圆锥齿轮机构相比,它的主要优点是传动平稳、承载能力较强,但很少应用。

请大家再看螺旋齿轮机构。它用于传递两相交轴之间的运动。就单个齿轮来说,构成螺旋齿轮传动的两个齿轮都是斜齿圆柱齿轮。螺旋齿轮与斜齿轮机构的区别在于:斜齿轮机构用于传递两平行轴之间的运动,而螺旋齿轮机构则用于传递两交错轴之间的运动。所以,斜齿轮机构属于平面齿轮机构,而螺旋齿轮机构则属于空间齿轮机构。

最后我们来看蜗轮蜗杆机构。它也是用于传递两交错轴之间的运动,其两轴的交错角一般为90°。蜗杆传动有多种类型,我们现在看到的是应用广泛的阿基米德圆柱蜗杆。蜗杆传动的主要优点是传动比大,具有自锁性,结构紧凑,传动平稳且无声;主要缺点是机械效率低、磨损大。

第七柜　轮系的类型

所谓轮系,是指由一系列齿轮所组成的齿轮传动系统。轮系的类型很多,其组成也各种各样。通过根据轮系运转时各个齿轮的轴线相对机架的位置是否都是固定的,而将轮系分为定轴轮系和周转轮系两大类。

先请看定轴轮系。现在演示的是一种定轴轮系。大家注意观察,这种轮系在运转时,各个齿轮轴线相对机架的位置是固定的,故称为定轴轮系。此外,轮系是由平面齿轮机构组成的,所以属平面定轴轮系。

现在运转的是空间定轴轮系,因为它含有空间齿轮机构。定轴轮系的传动比等于组成该轮系的各对啮合齿轮传动比的连乘积,其大小等于各对齿轮中所有从动轮齿数的连乘积与所有主动轮齿数的连乘积之比。

如果在轮系运转时,各个齿轮中有一个或几个齿轮轴线的位置并不固定,而是绕着其他齿轮的固定轴线回转,则这种轮系称为周转轮系。周转轮系根据其所具有的自由度的数目可作进一步的划分。若周转轮系的自由度等于1,则称为行星轮系;自由度为2,则称为差动轮系。现在运转的是行星轮系。在此轮系中,我们把绕着固定轴线回转的齿轮称为中心轮,而把轴线绕着其他齿轮的固定轴线旋转的齿轮称为行星轮;支承行星轮且绕固定轴线回转的构件称为系杆(或行星架)。由于一般都以中心轮和系杆作为运动的输入和输出构件,所以又常称它们为周转轮系的基本构件。基本构件都是围绕着同一固定轴线回转的。

现在再看差动轮系。我们可以发现与行星轮相啮合的两个中心轮都在运动,整个轮系的自由度为 2。为了确定这种轮系的运动,一般需要给定两个构件以独立的运动规律。如果将大中心轮加以固定,则自由度为 1,轮系则变为行星轮系。

周转轮系常根据基本构件的不同加以分类。刚才大家看到的两个周转轮系中包含一个系杆 H,两个中心轮 K,特称之为 2K－H 型周转轮系。再请看正在运转的一个周转轮系,它包含有三个中心轮,称为 3K 型周转轮系。在实际机构中采用最多的是 2K－H 型周转轮系。

对于更复杂的轮系,可能既包含定轴轮系部分,也包含周转轮系部分,或者是由几部分周转轮系组成,这种复杂轮系称为复合轮系。现在运转的是定轴轮系与行星轮系组成的复合轮系。计算复合轮系传动比的正确方法是:将其所包含的各部分定轴轮系和各部分周转轮系一一加以分开,并分别应用定轴轮系和周转轮系传动比的计算公式求出它们的传动比,然后加以联立求解,从而求出该轮系的传动比。

第八柜　轮系的功用

在各种机械中,轮系的应用是十分广泛的,其功用大致可以归纳为以下几个方面:

(1) 利用轮系获得较大的传动比。当两轴之间需要较大传动比时,如果仅用一对齿轮传动,必然使两轮的尺寸相差很大,这样不仅使传动机构的外廓尺寸庞大,而且小齿轮也较易损坏。因此,当两轴间需要较大传动比时,就需要采用轮系来满足。

(2) 利用轮系实现分路传动。我们现在所看到的是一个主动齿轮带动三个从动齿轮同时旋转,实现所谓分路传动。

(3) 利用轮系实现变速传动。我们现在看到的变速传动模型,上下两轴分别为主动轴及从动轴,双联齿轮用滑键与主动轴相连,可在轴上滑移。从动轴上固定有两个齿轮。当操纵双联滑移齿轮时可获得两种啮合情况,即可得到两种不同的传动比。这样,在主动轴转速不变的条件下,利用轮系可使从动轴得到两种不同的转速。

(4) 利用轮系实现换向传动。在主动轴转向不变的条件下,利用轮系可以改变从动轴的转向。请大家看车床上走刀丝杆的三星轮换向机构。当主动轮的运动经活动机构架上的两个中间轮传给从动轮时,从动轮与主动轮的转向相反。如果转动三角形构件,使主动轮只经过一个中间轮传给从动轮,则从动轮与主动轮的转向相同。

(5) 利用轮系作运动的分解。现在请大家观察汽车后桥上的差速器模型。汽车两个后轮的转动就是由驱动齿轮的转动,经差动轮系分解后而获得。此轮系具有如下特点:当汽车沿直线行驶时,两个后轮的转速相等;当汽车转弯时,两个后轮的转速不同,如向左转弯,则左边后轮转速慢,而右边后轮转速快,可以保证汽车顺利行驶。

(6) 利用轮系作运动的合成。差动轮系不仅可以将转动分解,而且还可以将两个独立的转动合成一个转动。我们现在观察到的情况是:系杆 H 的转速是锥齿轮 1 及 3 转速的合成。差动轮系可实现运动合成的这种性能,在机床、计算机、补偿调整装置中得到了广泛的应用。

轮系在应用过程中也不断得到发展,摆线针轮减速器和谐波传动减速器就是其中的两例。我们先看看摆线针轮减速器,它是一种行星齿轮传动装置。与渐开线齿轮减速器相比,它具有重合度大、承载能力强、传动效率高、运转平稳、结构紧凑等特点。

谐波齿轮传动也是利用行星轮系传动原理发展起来的一种新型传动。我们观察一下谐波传动减速器的结构,可以发现它主要由波发生器、刚轮和柔轮三个基本构件组成。与行星齿轮传动一样,在这三个构件中必须有一个是固定的,而其余两个,一个为主动件,另一个便为从动件,一般多采用波发生器为主动件。与一般齿轮减速器相比,谐波传动减速器具有传动比大而范围宽、承载能力较强、零件少、体积小、重量轻、运动精度高、运转平稳等优点。

第九柜　间歇运动机构

间歇运动机构广泛用于各种需要非连续传动的场合。下面分别介绍常用的棘轮机构、槽轮机构和不完全齿轮机构。

首先演示的是齿式棘轮机构。该机构由棘轮、棘爪、摇杆和止动棘爪所组成。当摇杆逆时针摆动时,棘爪便插入棘轮齿间,推动棘轮转过某一角度;等摇杆顺时针摆动时,止动棘爪阻止棘轮顺时针转动,同时棘爪在棘轮的齿背滑过,故棘轮静止不动。这样,当摇杆连续往复摆动时,棘轮便得到单向的间歇运动。

摩擦式棘轮机构。在此机构中,摩擦块与棘爪用铰链连接。当摇杆逆时针摆动时,摩擦块促使棘爪与棘轮的齿面接触,使棘轮回转;当摇杆顺时针摆动时,摩擦块撑起棘爪,使棘爪离开棘轮并且越过其齿顶而达到无声间歇传动的要求。

超越离合器。它也可以看作一种棘轮机构。此机构由爪轮、套筒、滚柱、弹簧顶杆等组成。以爪轮为主动件,当其顺时针回转时,滚柱借助摩擦力而滚向空隙的收缩部分,并将套筒压紧,使其随爪轮一同回转;而当爪轮逆时针回转时,滚柱即被滚到空隙的宽大部分而将套筒松开,这时套筒静止不动。因此,当主动轮以任意角速度反复转动时,可使从动的套筒获得任意大小转角的单向单歇运动。所谓超越离合器,是说当主动爪轮顺时针转动时,如果套筒顺时针转动的速度超过了主动爪轮的转速,两者便自动分离,套筒以较高的速度自由转动。当主动爪轮逆时针转动时,情况也是一样。例如自行车中的所谓飞轮便是一种超越离合器。

现在演示的是外槽轮机构。它由主动拨盘、从动槽轮及机架组成。当拨盘以等角速度做连续回转时,槽轮则时而转动、时而静止。

再看内槽轮机构的运动情况,我们可以发现槽轮和拨盘回转方向相同,这是与外槽轮机构不同的地方。内槽轮机构不如外槽轮机构应用广泛。

无论外槽轮还是内槽轮机构,均用于平行轴之间的间歇传动。当需要两相交轴之间进行间歇传动时,可采用球面槽形机构。现在请观察两轴相交角为 90° 的球面槽形机构的传动情况。槽形机构的特点是构造简单,外形尺寸小,机构效率较高,并且能较平稳地、间歇地进行转位。

不完全齿轮机构也可用于间歇传动。先看渐开线不完全齿轮机构。它的主动轮为一不完全渐开线齿轮,而从动轮则是由正常齿和厚齿组成的特殊齿轮。

现在运转的是摆线针轮不完全齿轮机构。在此机构中,不完全齿轮为摆线针轮。摆线针轮不完全齿轮多用在一些具有特殊运动要求的专用机械中。

本柜最后演示的是一种凸轮式间歇运动机构。这是由特殊结构的凸轮构成的间歇运动机构,多用在一些具有特殊运动要求的专业机械中。

第十柜　组合机构

由于生产上对机构运动形式、运动规律和机构性能等方面要求的多样性和复杂性,以及单一机构性能的局限性,以致仅采用某一种基本机构往往不能满足设计要求,因而常需把几种基本机构联合起来组成一种组合机构。组合机构可以是同类基本机构的组合,也可以是不同类型基本机构的组成。常见的组合方式有串联、并联、反馈以及叠加等。

首先请观看联动凸轮组合机构。机构有两个凸轮,它们协调配合控制 X 及 Y 方向的运动,可以使共同滑块上的点实现预定的运动轨迹。

凸轮-蜗杆组合机构。本机构由凸轮机构与蜗杆机构组合而成。蜗杆为主动件,固连在蜗轮上的槽形凸轮驱动异形推杆运动;推杆迫使蜗杆做轴向移动,使蜗轮获得附加运动,从而实现机构的反馈调节。

现在演示的也是联动凸轮机构,它不仅可以使水平构件实现预期的运动要求,而且可以使水平构件最上端的点按照所需的轨迹运动。

现在演示的组合机构由连杆机构与扇形齿轮机构组合而成。曲柄转动时,通过柱销和滑槽推动扇形齿轮摆动,从而使从动齿轮转动。

现在演示的是一种凸轮-齿轮组合机构。凸轮通过滚子使齿条移动,并驱动齿轮转动。这是齿轮加工机床中用作运动误差校正装置的局部传动。

现在运行的是凸轮-连杆组合机构,它能实现预定的运动轨迹。

现在运行的是一种齿轮-连杆组合机构,它可以实现预定的运动规律。

本柜最后演示的是一种叠加机构。它由锥齿轮机构与连杆机构组合而成。请大家仔细观察这种叠加机构的结构和运动,思考它有什么特点。

同学们,机械原理陈列柜的内容到此就解说完毕。谢谢大家的配合,并祝大家在机械原理课程学习中取得更大的进步。

1.1.4　思考题

(1) "机构"和"机器"在概念上有什么不同? 通常所说的"机械"是指什么?

(2) 何谓"构件"? 它和"零件"有什么不同?

(3) 常用的运动副有哪些? 运动副在机构中起何作用?

(4) 组成机构的基本要素是什么?

(5) 平面四杆机构有哪三种基本形式? 如何演化?

(6) 试分别举空间机构、间歇机构、组合机构应用实例各一个,并简述观后感。

1.2　常用运动副和机构的认知实验报告

实验名称	常用运动副和机构的认知			
学生姓名		学　号		任课教师
实验日期		成　绩		实验教师

1.2.1　实验目的

1.2.2　思考题回答

1.2.3　心得和体会

第2章　机构运动简图的测绘和分析实验

2.1　机构运动简图的测绘和分析实验指导

2.1.1　实验目的

（1）正确理解和掌握平面运动副及其构件的表示法,学会根据各种实物或模型绘制机构运动简图。

（2）分析机构自由度,进一步理解机构自由度的概念,掌握机构自由度的计算方法。

（3）加深对实际机构及机器的感性认识。

2.1.2　实验设备和工具

（1）各类典型机械的实物和模型,如缝纫机机头、牛头刨床、插齿机、油泵、内燃机和冲床等（可视具体情况选用）。

（2）根据需要可选用钢直尺、内外卡钳、量角器等。

（3）自备三角尺、圆规、铅笔、橡皮和报告纸。

2.1.3　实验原理

机械中的实际机构,其结构往往比较复杂,但机构的运动情况却与构件外形、断面尺寸、组成构件的零件数目及其固连方式和运动副的具体结构无关,而取决于机构中连接各构件的运动副类型和各运动副的相对位置尺寸以及原动件的运动规律。因此,在进行机构的分析和综合时,所绘制的旨在表达机构各构件之间的相对运动关系和运动特性的图形,必须撇开构件和运动副的具体形状和结构,根据构件之间的相对运动性质,确定各运动副的类型,然后按一定的比例,用简单的线条和运动副规定的符号绘制图形,这种能准确表达机构运动情况的简化图形称为机构运动简图。

机构运动简图与原机械的运动特性完全相同,因而可以用机构运动简图对机械进行结构、运动和动力分析。若图形不按精确的比例绘制,仅仅为了表达机械的运动结构特征,这种简化图形称为机构示意图。

在绘制机构运动简图过程中,为了便于交流,国家标准已对各类运动副、构件及各种机构等的符号做了规定,见表2－1。

2.1.4　实验方法和步骤

（1）使被测机械的实物或模型缓慢地运动,从原动件开始仔细观察机构传递运动的路线,注意哪些构件是活动的、哪些是固定的,从而确定组成机构的构件数目。

（2）根据相连接的两构件间的接触情况及相对运动性质,判别各个运动副的类型,并确定运动副的个数。

表 2 - 1　机构运动简图常用图形符号(摘自 GB/T 4460—2013)

名称	符　号	名称	符　号
固定构件		外啮合圆柱齿轮机构	
两副元素构件		内啮合圆柱齿轮机构	
三副元素构件		齿轮齿条机构	
转动副		圆锥齿轮机构	
移动副		蜗杆蜗轮机构	

（续表）

名称	符　号	名称	符　号
平面高副	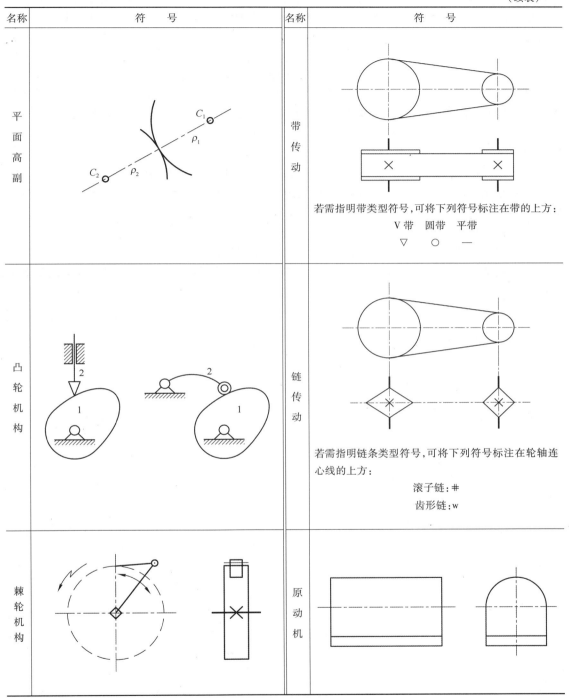	带传动	若需指明带类型符号,可将下列符号标注在带的上方: 　　　V 带　圆带　平带 　　　▽　　○　　—
凸轮机构		链传动	若需指明链条类型符号,可将下列符号标注在轮轴连心线的上方: 滚子链:# 齿形链:w
棘轮机构		原动机	

（3）选择最能描述构件相对运动关系的运动平面作为投影面,让被测机械的实物或模型停止在便于绘制运动简图的位置上。在报告纸上,徒手按规定的符号及构件的连接次序,从原动件开始,凭目测使简图中的构件尺寸与实物大致成比例,逐步画出机构示意图,然后用数字 1、2、3、…分别标注各构件,用英文字母 A、B、C、…分别标注各运动副,用箭头标注原动件。

（4）仔细测量与机构运动有关的尺寸，即构件上两回转副的中心距和移动副导路的位置尺寸及角度等，按适当的长度比例尺将机构示意图画成正式的机构运动简图。长度比例尺用 μ_1 表示，在机械设计中规定为

$$\mu_1 = \frac{构件的实际长度}{简图上所画的构件长度}$$

（5）按公式 $F = 3n - (2p_1 + p_h)$ 计算机构自由度，注意局部自由度、复合铰链和虚约束，并将计算结果与实际机构的自由度对照，观察计算结果与实际是否相符，分析机构运动的确定性。

2.1.5　思考题

（1）机构运动简图有何用途？一个正确的机构运动简图应能说明哪些内容？

（2）绘制机构运动简图时，原动件的位置为什么可以任意选定？会不会影响运动简图的正确性？

（3）机构自由度大于或小于原动件数时会产生什么结果？

（4）在牛头刨床的六杆机构中，滑杆的行程长度如何调整？

（5）列举几个运动简图相同但实际应用不同的机器或机构实例，由此说明机构运动简图的作用。

2.2　机构运动简图的测绘和分析实验报告

实验名称	机构运动简图的测绘和分析				
学生姓名		学　号		任课教师	
实验日期		成　绩		实验教师	

2.2.1　实验目的

2.2.2　测绘结果及分析计算

序号		机构名称		比例尺	$\mu_1 =$
机构运动简图					
	活动构件数 = 　　　　；低副数 = 　　　　；高副数 = 　　　　；原动件数 =				
机构自由度计算	$F = 3n - (2p_1 + p_h) =$				

序号		机构名称		比例尺	$\mu_1 =$
机构运动简图					
活动构件数 = ；低副数 = ；高副数 = ；原动件数 =					
机构自由度计算	$F = 3n - (2p_1 + p_{\mathrm{h}}) =$				

序号		机构名称		比例尺	$\mu_1 =$
机构运动简图					
活动构件数 = ；低副数 = ；高副数 = ；原动件数 =					
机构自由度计算	$F = 3n - (2p_1 + p_{\mathrm{h}}) =$				

序号		机构名称		比例尺	$\mu_1 =$
机 构 运 动 简 图					
	活动构件数 =　　　　；低副数 =　　　　；高副数 =　　　　；原动件数 =				
机构自由度计算	$F = 3n - (2p_1 + p_h) =$				

序号		机构名称		比例尺	$\mu_1 =$
机 构 运 动 简 图					
	活动构件数 =　　　　；低副数 =　　　　；高副数 =　　　　；原动件数 =				
机构自由度计算	$F = 3n - (2p_1 + p_h) =$				

序号		机构名称		比例尺	$\mu_1 =$

机构运动简图

活动构件数 =　　　；低副数 =　　　；高副数 =　　　；原动件数 =

机构自由度计算	$F = 3n - (2p_1 + p_h) =$

序号		机构名称		比例尺	$\mu_1 =$

机构运动简图

活动构件数 =　　　；低副数 =　　　；高副数 =　　　；原动件数 =

机构自由度计算	$F = 3n - (2p_1 + p_h) =$

序号		机构名称		比例尺	$\mu_1 =$
机构运动简图					
	活动构件数 =　　　；低副数 =　　　；高副数 =　　　；原动件数 =				
机构自由度计算	$F = 3n - (2p_1 + p_h) =$				

序号		机构名称		比例尺	$\mu_1 =$
机构运动简图					
	活动构件数 =　　　；低副数 =　　　；高副数 =　　　；原动件数 =				
机构自由度计算	$F = 3n - (2p_1 + p_h) =$				

2.2.3　思考题回答

2.2.4　心得和体会

第3章 渐开线齿轮齿廓范成实验

3.1 渐开线齿轮齿廓范成实验指导

3.1.1 实验目的

（1）掌握用范成法切制渐开线齿轮齿廓的基本原理。

（2）通过观察齿条型刀具范成渐开线齿轮齿廓的过程,了解渐开线齿轮产生根切现象的原因及如何用变位修正法来避免发生根切的方法。

（3）加深对相互啮合的齿廓互为包络线的认识。

（4）分析比较标准齿轮和变位齿轮的区别。

3.1.2 实验设备和工具

（1）齿轮范成仪、剪刀、绘图纸。

（2）自备三角尺、圆规、橡皮、两种不同颜色的铅笔或圆珠笔、计算器。

3.1.3 实验原理

范成法是利用一对齿轮互相啮合时其共轭齿廓互为包络线的原理来加工齿轮轮齿的一种方法。加工时,其中一轮为刀具,另一轮为轮坯,两者对滚时,好像一对齿轮互相啮合传动。同时刀具还沿轮坯的轴向做切削运动,最后在轮坯上被加工出来的齿廓就是刀具刀刃在各个位置的包络线。为了看清楚齿轮齿廓形成的过程,可以用图纸做轮坯。在不考虑切削和让刀运动的情况下,刀具与轮坯对滚时,刀刃在图纸上所印出的各个位置的包络线,就是被加工齿轮的齿廓曲线。目前生产中大量使用渐开线齿廓,故刀具齿廓必然也为渐开线。为了逐步地再现上述加工中刀刃在相对轮坯每个位置形成包络线的详细过程,通常采用齿轮范成仪来实现。齿轮范成用的仪器有多种形式,但其基本原理是相同的。图 3－1 所示是一种目前应用较多的渐开线齿廓范成仪。图中,图纸托盘可绕固定轴 O 转动;钢丝 2 绕在托盘 1 背面代表分度圆的凹槽内,钢丝两端固定在滑架 3 上;滑架 3 装在水平底座 4 的水平导向槽内。因此,在转动托盘 1 时,通过钢丝 2 可带动滑架 3 沿水平方向左右移动,并能保证托盘 1 上分度圆周凹槽内的钢丝中心线所在圆(代表被切齿轮的分度圆)始终与滑架 3 上的直线 E (代表刀具节线)做纯滚动,从而实现对滚运动。代表齿条型刀具的齿条 5 通过螺钉 7 固定在刀架 8 上;刀架 8 装在滑架 3 上的径向导槽内,旋动螺旋 6,可使刀架 8 带着齿条 5 沿垂直方向相对托盘 1 中心 O 做径向移动。因此,齿条 5 既可以随滑架 3 做水平移动,与托盘 1 实现对滚运动;又可以随刀架 8 一起做径向移动,用以调节齿条中线与托盘中心 O 之间的距离,以便模拟变位齿轮的范成切削。

已知齿条 5 的模数为 m (例如 20mm),压力角 $\alpha = 20°$,齿顶高与齿根高均为 1.25m,只是牙齿

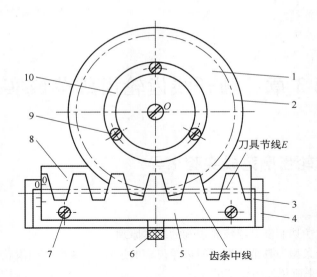

图 3 - 1　渐开线齿廓范成仪

1—托盘；2—钢丝；3—滑架；4—水平底座；
5—齿条型刀具的齿条；6—螺旋；7、9—螺钉；8—刀架；10—压环

顶端的 0.25m 处不是直线而是圆弧，用以切削被切齿轮齿根部分的过渡曲线。

当齿条中线与被切齿轮分度圆相切时，齿条中线与刀具节线 E 重合，此时齿条 5 上的标尺刻度零点与滑架 3 上的标尺刻度零点对准，这样便能切制出标准齿轮。

若旋转螺旋 6，改变齿条中线与托盘 1 中心 O 的距离（移动的距离 xm 可由齿条 5 或滑架 3 上的标尺读出），则齿条中线与刀具节线 E 分离（如图 3 - 1 所示，此时齿条中线与被切齿轮分度圆分离，但刀具节线 E 仍与被切齿轮分度圆相切），这样便能切制出变位齿轮。

3.1.4　实验方法和步骤

1）范成标准齿轮

（1）根据所用范成仪的模数 m 和分度圆直径 d 求出被切齿轮的齿数 z，并计算其齿顶圆直径 d_a、齿根圆直径 d_f 和基圆直径 d_b。

（2）在一张厚图纸上，分别以 d_a、d_f、d 和 d_b 为直径画出四个同心圆，并将图纸剪成直径比 d_a 大 3mm 的圆形。

（3）将圆形纸片放在范成仪的托盘 1 上，使两者圆心重合，然后用压环 10 和螺钉 9 将纸片夹紧在托盘 1 上。

（4）将范成仪上的齿条 5 及滑架 3 上的标尺刻度零点对准，此时齿条 5 的刀顶线应与圆形纸片上所画的齿根圆相切。

（5）将滑架 3 推至左（或右）极限位置，用削尖的铅笔在圆形纸片（代表被切齿轮毛坯）上画下齿条 5 的齿廓在该位置上的投影线。然后将滑架 3 向右（或左）移动一个很小的距离，此时通过钢丝 2 带动托盘 1 也相应转过一个小角度，再将齿条 5 的齿廓在该位置上的投影线画在圆形纸片上。连续重复上述工作，绘出齿条 5 的齿廓在各个位置上的投影线，这些投影线的包络线即为被切齿轮的渐开线齿廓。按上述方法，绘出 2～3 个完整的齿形，如图 3 - 2 所示。

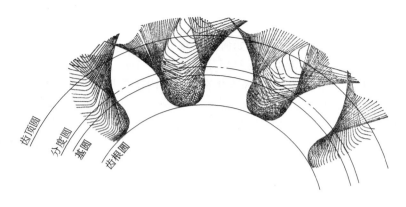

图 3-2　标准齿轮($z = 10$)

2）范成正变位齿轮

（1）根据所用范成仪的参数，计算出不发生根切现象时的最小变位系数 $x_{\min} = \dfrac{17 - z}{17}$，然后取定变位系数 $x(x \geqslant x_{\min})$，计算变位齿轮的齿顶圆直径 d_a 和齿根圆直径 d_f。

（2）在另一张厚图纸上，分别以 d_a、d_f、d 和 d_b 为直径画出四个同心圆，并将图纸剪成直径比 d_a 大 3mm 的圆形。

（3）将圆形纸片放在范成仪的托盘 1 上，使两者圆心重合，然后用压环 10 和螺钉 9 将纸片夹紧在托盘 1 上。

（4）将齿条 5 向远离托盘中心 O 的方向移动一段距离（大于或等于 $x_{\min}m$）。

（5）将滑架 3 推至左（或右）极限位置，用削尖的铅笔在圆形纸片（代表被切齿轮毛坯）上画下齿条 5 的齿廓在该位置上的投影线。然后将滑架 3 向右（或左）移动一个很小的距离，此时通过钢丝 2 带动托盘 1 也相应转过一个小角度，再将齿条 5 的齿廓在该位置上的投影线画在圆形纸片上。连续重复上述工作，绘出齿条 5 的齿廓在各个位置上的投影线，这些投影线的包络线即为被切齿轮的渐开线齿廓。按上述方法，绘出 2、3 个完整的齿形，如图 3-3 所示。

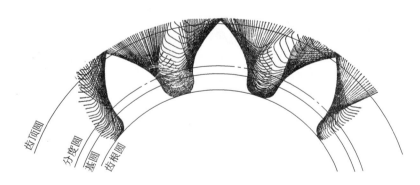

图 3-3　正变位齿轮($z = 10, x = 0.41$)

（6）观察绘得的正变位齿轮的齿廓并与标准齿轮的齿廓做对照和分析。

3.1.5　思考题

（1）用范成法加工齿轮时齿廓曲线是如何形成的？

（2）齿条型刀具的齿顶高和齿根高为何都等于$(h_a^* + c^*)m$？

（3）通过实验,你所观察到的根切现象发生在基圆之内还是基圆之外？是由于什么原因引起的？避免根切可采取哪些措施？

（4）加工负变位齿轮时,其齿廓形状将如何发生变化？为什么？

（5）用齿廓范成仪所模仿的切削齿轮的过程能否用来说明滚齿机切削齿轮的原理,有哪些不同的地方？

3.2　渐开线齿轮齿廓范成实验报告

实验名称	渐开线齿轮齿廓范成			
学生姓名		学　号		任课教师	
实验日期		成　绩		实验教师	

3.2.1　实验目的

3.2.2　原始数据

1）齿条型刀具的基本参数

$m =$ _____ ；$\alpha =$ _____ ；$h_a^* =$ _____ ；$c^* =$ _____ 。

2）被范成齿轮的基本参数

$m =$ _____ ；$z =$ _____ ；$\alpha =$ _____ ；$h_a^* =$ _____ ；$c^* =$ _____ 。

3) 实验结果比较

序号	项　目	计　算　公　式	标准齿轮(mm)	变位齿轮(mm)
1	模数 m			
2	压力角 α			
3	齿顶圆直径 d_a	$d_a = m(z + 2h_a^* + 2x)$		
4	分度圆直径 d	$d = mz$		
5	齿根圆直径 d_f	$d_f = m(z - 2h_a^* - 2c^* + 2x)$		
6	基圆直径 d_b	$d_b = mz\cos\alpha$		
7	分度圆齿厚 s	$s = m(\dfrac{\pi}{2} + 2x\tan\alpha)$		
8	分度圆齿槽宽 e	$e = m(\dfrac{\pi}{2} - 2x\tan\alpha)$		
9	齿距 p	$p = \pi m$		
10	基圆齿距 p_b	$p_b = p\cos\alpha$		
11	变位系数 x	$x = \dfrac{变位量}{m}$		
12	齿形比较			

注:"齿形比较"指定性地说明两个齿轮的顶圆齿厚和根圆齿厚的差别。

3.2.3 思考题回答

3.2.4 心得和体会

第 4 章　渐开线直齿圆柱齿轮参数测定实验

4.1　渐开线直齿圆柱齿轮参数测定实验指导

4.1.1　实验目的

（1）掌握应用公法线千分尺或游标卡尺测定渐开线直齿圆柱齿轮基本参数的方法。

（2）通过测量和计算,加深理解渐开线的性质及齿轮各参数之间相互关系的知识。

4.1.2　实验设备和工具

（1）齿轮一对（齿数为奇数和偶数各一个）。

（2）游标读数精度为 0.02mm 的游标卡尺,公法线千分尺（如果没有,可用游标卡尺代替）。

（3）自备计算器、纸及笔等文具。

4.1.3　实验原理及步骤

1）确定齿轮齿数 z

齿数 z 可直接从待测齿轮上数出。

2）确定齿顶圆直径 d_a 和齿根圆直径 d_f

当齿轮齿数为偶数时,如图 4-1a 所示,d_a 和 d_f 可用游标卡尺在待测齿轮上直接测量得到。当

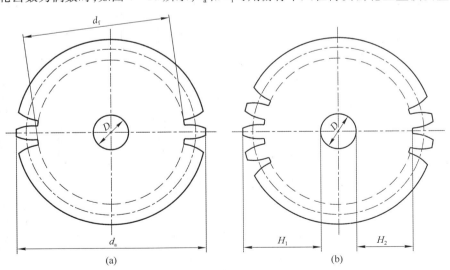

图 4-1　直齿圆柱齿轮 d_a 和 d_f 的测量

（a）齿数为偶数时的测量法；（b）齿数为奇数时的测量法

齿轮齿数为奇数时,d_a和d_f须采用间接测量方法得到。如图4-1b所示,先测得齿轮安装孔径D,再分别测得孔壁到某一齿顶的距离H_1和孔壁到某一齿根的距离H_2。则d_a和d_f可按下式求出

$$d_a = D + 2H_1 \qquad\qquad (4-1)$$
$$d_f = D + 2H_2 \qquad\qquad (4-2)$$

在测量d_a和d_f过程中,为了减小测量误差,同一数值应在不同位置上测量三次,然后取其算术平均值。

3）确定全齿高 h

当齿轮齿数为奇数时,全齿高可按$h = H_1 - H_2$计算。当齿轮齿数为偶数时,全齿高可按$h = \frac{1}{2}(d_a - d_f)$计算得到。

4）测定公法线长度 W'_k 和 W'_{k+1}

测定公法线长度W'_k和W'_{k+1}是为了求出基圆齿距p_b,从而确定齿轮的压力角α、模数m和变位系数x。W'_k和W'_{k+1}的测量可在齿数为奇数或偶数的被测齿轮中任选一个进行。为了使测量尺的两个脚在测量时能保证与齿廓的渐开线部分相切,在测量公法线长度之前,首先要确定跨测齿数k。跨测齿数k可按下式确定

$$k = \frac{\alpha}{180°}z + 0.5 \qquad\qquad (4-3)$$

或直接由表4-1查得。然后按图4-2所示的方法,用公法线千分尺(如果没有,可用游标卡尺代替)量出跨测k个齿时的公法线长度W'_k。为了求出基圆齿距p_b,还应按同样的方法量出跨测$(k+1)$个齿时的公法线长度W'_{k+1}。在测量过程中,为了减小测量误差,W'_k和W'_{k+1}的值应在齿轮一周的三个均分部位上测量三次,取其平均值,并且为了避免公法线长度变动量的影响,测量W'_k和W'_{k+1}的值时,应在相应的几个齿上进行。

表4-1　直齿圆柱标准齿轮的跨测齿数 z 和公法线理论计算长度 W($m=1\text{mm}, \alpha=20°$)

齿数 z	跨测齿数 k	$m=1$的公法线长度 W(mm)	齿数 z	跨测齿数 k	$m=1$的公法线长度 W(mm)	齿数 z	跨测齿数 k	$m=1$的公法线长度 W(mm)
4	2	4.484 2	24	3	7.716 5	43	5	13.886 8
5	2	4.498 2	25	3	7.730 5	44	5	13.900 8
6	2	4.512 2	26	3	7.744 5			
7	2	4.526 2				45	6	16.867 0
8	2	4.540 2	27	4	10.710 6	46	6	16.881 0
9	2	4.554 2	28	4	10.724 6	47	6	16.895 0
10	2	4.568 3	29	4	10.738 6	48	6	16.909 0
11	2	4.582 3	30	4	10.752 6	49	6	16.923 0
12	2	4.596 3	31	4	10.766 6	50	6	16.937 0
13	2	4.610 3	32	4	10.780 6	51	6	16.951 0
14	2	4.624 3	33	4	10.794 6	52	6	16.965 0
15	2	4.638 3	34	4	10.808 6	53	6	16.979 0
16	2	4.652 3	35	4	10.822 7	54	7	19.945 2
17	2	4.666 3				55	7	19.959 2
			36	5	13.788 8	56	7	19.973 2
18	3	7.632 4	37	5	13.802 8	57	7	19.987 2
19	3	7.646 4	38	5	13.816 8	58	7	20.001 2
20	3	7.660 4	39	5	13.830 8	59	7	20.015 2
21	3	7.674 4	40	5	13.844 8	60	7	20.029 2
22	3	7.688 5	41	5	13.858 8	61	7	20.043 2
23	3	7.702 5	42	5	13.872 8	62	7	20.057 2

（续表）

齿数 z	跨测齿数 k	$m=1$ 的公法线长度 W(mm)	齿数 z	跨测齿数 k	$m=1$ 的公法线长度 W(mm)	齿数 z	跨测齿数 k	$m=1$ 的公法线长度 W(mm)
			92	11	32.285 9	122	14	41.562 5
63	8	23.023 3	93	11	32.299 9	123	14	41.576 5
64	8	23.037 3	94	11	32.313 9	124	14	41.590 5
65	8	23.051 3	95	11	32.327 9	125	14	41.604 5
66	8	23.065 4	96	11	32.341 9			
67	8	23.079 4	97	11	32.355 9	126	15	44.570 6
68	8	23.093 4	98	11	32.369 9	127	15	44.584 6
69	8	23.107 4				128	15	44.598 6
70	8	23.121 4	99	12	35.336 1	129	15	44.612 6
71	8	23.135 4	100	12	35.350 1	130	15	44.626 6
			101	12	35.364 1	131	15	44.640 6
72	9	26.101 5	102	12	35.378 1	132	15	44.654 6
73	9	26.115 5	103	12	35.392 1	133	15	44.668 6
74	9	26.129 5	104	12	35.406 1	134	15	44.682 6
75	9	26.143 5	105	12	35.420 1			
76	9	26.157 5	106	12	35.434 1	135	16	47.648 8
77	9	26.171 5	107	12	35.448 1	136	16	47.662 8
78	9	26.185 5				137	16	47.676 8
79	9	26.199 6	108	13	38.414 2	138	16	47.690 8
80	9	26.213 6	109	13	38.428 2	139	16	47.704 8
			110	13	38.442 3	140	16	47.718 8
81	10	29.179 7	111	13	38.456 3	141	16	47.732 8
82	10	29.193 7	112	13	38.470 3	142	16	47.746 8
83	10	29.207 7	113	13	38.484 3	143	16	47.760 8
84	10	29.221 7	114	13	38.498 3			
85	10	29.235 7	115	13	38.512 3	144	17	50.727 0
86	10	29.249 7	116	13	38.526 3	145	17	50.741 0
87	10	29.263 7				146	17	50.755 0
88	10	29.277 7	117	14	41.492 4	147	17	50.769 0
89	10	29.291 7	118	14	41.506 4	148	17	50.783 0
			119	14	41.520 4	149	17	50.797 0
90	11	32.257 9	120	14	41.534 4	150	17	50.811 0
91	11	32.271 9	121	14	41.548 4	151	17	50.825 0

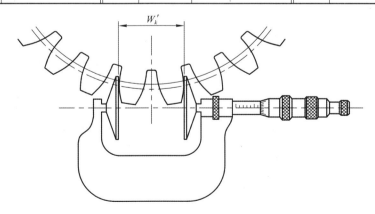

图 4－2 测量跨测齿数 k 的公法线长度 W'_k

5）确定基圆齿距 p_b、模数 m 和压力角 α

基圆齿距 p_b 可按下式计算确定

$$p_b = W'_{k+1} - W'_k = \pi m \cos\alpha \qquad (4-4)$$

由上式可得模数 m 为

$$m = \frac{p_b}{\pi \cos\alpha} \qquad (4-5)$$

将 $\alpha = 20°$ 或其他可能的值代入上式算出模数,取其最接近标准值的一组 m 和 α,即为所求齿轮的模数和压力角。

6) 判断被测齿轮是否为标准齿轮并确定其变位系数 x

若测出的齿顶圆直径 d_a 和齿根圆直径 d_f 等于按标准齿轮公式 $d_a = m(z + 2h_a^*)$、$d_f = m(z - 2h_a^* - 2c^*)$ 计算出的数值(或与之相近),则被测齿轮为标准齿轮。若测出的齿顶圆直径 d_a 和齿根圆直径 d_f 与上述计算值相差较多,则被测齿轮可能是变位齿轮。当 d_a 和 d_f 的测量值均大于计算值时,为正变位齿轮;反之为负变位齿轮。

应当指出,由于变位齿轮的齿顶圆直径还可能受到齿顶降低系数 σ 的影响,因此用上述方法无法较精确地求出被测齿轮的变位系数 x,只能定性地判定一个齿轮是否为标准齿轮。要较精确地求出被测齿轮的变位系数 x,应该将其公法线长度的测量值 W'_k 与理论计算值 W_k 进行比较。理论计算值 W_k 可根据被测齿轮的齿数 z 和模数 m 从表 4-1 中查出。若 $W'_k = W_k$,则被测齿轮为标准齿轮;若 $W'_k \neq W_k$,则被测齿轮为变位齿轮,被测齿轮的变位系数为

$$x = \frac{W'_k - W_k}{2m\sin\alpha} \qquad (4-6)$$

4.1.4　思考题

(1) 决定齿廓形状的基本参数有哪些?

(2) 在测量齿根圆直径 d_f 时,对齿数为奇数和偶数的齿轮在测量方法上有什么不同?

(3) 测量齿轮公法线长度是根据渐开线的什么性质?

(4) 两个齿轮的参数测定后,怎样判断它们能否正确啮合? 如能,怎样判断它们的传动类型?

4.2　渐开线直齿圆柱齿轮参数测定实验报告

实验名称	渐开线直齿圆柱齿轮参数测定			
学生姓名		学　号		任课教师	
实验日期		成　绩		实验教师	

4.2.1　实验目的

4.2.2　测量数据

齿　轮　编　号								
齿数 z								
跨测齿数 k								
测量次数	1	2	3	平均值	1	2	3	平均值
孔径 D								
孔壁齿顶距离 H_1								
孔壁齿根距离 H_2								
齿顶圆直径 d_a								
齿根圆直径 d_f								
k 齿公法线测量长度 W'_k								
$k+1$ 齿公法线测量长度 W'_{k+1}								

4.2.3 计算结果

项 目	计 算 公 式	计 算 结 果	
基圆周节 p_b	$p_b = W'_{k+1} - W'_k$	$p_{b1} =$	$p_{b2} =$
模数 m	$m = \dfrac{p_b}{\pi\cos\alpha}$	$m_1 =$	$m_2 =$
理论计算值 W_k	$W_k = W'm$,W'查表 $4-1$	$W_{k1} =$	$W_{k2} =$
变位系数 x	$x = \dfrac{W'_k - W_k}{2m\sin\alpha}$	$x_1 =$	$x_2 =$
齿根高 h_f	$h_f = \dfrac{mz - d_f}{2}$	$h_{f1} =$	$h_{f2} =$
齿顶高系数 h_a^*	$h_f = m(h_a^* + c^* - x)$	$h_{a1}^* =$	$h_{a2}^* =$
顶隙系数 c^*		$c_1^* =$	$c_2^* =$
齿顶高 h_a	$h_a = h_a^* m$	$h_{a1} =$	$h_{a2} =$
分度圆直径 d	$d = mz$	$d_1 =$	$d_2 =$
基圆直径 d_b	$d_b = mz\cos\alpha$	$d_{b1} =$	$d_{b2} =$
周节 p	$p = m\pi$	$p_1 =$	$p_2 =$

4.2.4 绘制齿轮工作图

4.2.5　思考题回答

4.2.6　心得和体会

第5章 曲柄导杆滑块机构多媒体测试、仿真和设计实验

5.1 曲柄导杆滑块机构多媒体测试、仿真和设计实验指导

5.1.1 实验目的

（1）利用计算机对平面机构动态参数进行采集、处理,得到实测的动态参数曲线,并且通过计算机对该平面机构的运动进行数模仿真,做出相应的动态参数曲线,实现理论与实际相结合。

（2）利用计算机对平面机构结构参数进行优化设计,通过计算机对该平面机构的运动进行仿真和测试分析,从而实现计算机辅助设计与计算机仿真和测试分析的有效结合,培养创新意识。

（3）利用计算机的人机交互功能,在软件界面说明文件的指导下,独立自主地进行实验,培养动手能力。

5.1.2 实验设备和工具

（1）ZNH－A/1曲柄导杆滑块机构多媒体测试、仿真和设计综合试验台。本试验台可搭接为如图5－1所示的曲柄导杆滑块机构或如图5－2所示的曲柄滑块机构两种形式,其主要技术参数分别见表5－1和表5－2。

（2）活扳手、呆扳手、内六角扳手、一字起子、十字起子等。

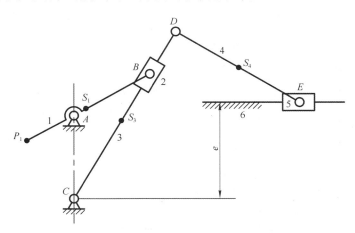

图5－1 曲柄导杆滑块机构

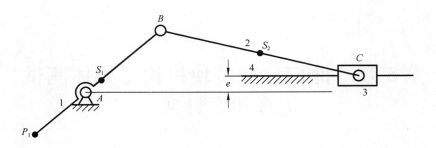

图5－2　曲柄滑块机构

表5－1　曲柄导杆滑块机构主要技术参数

构件编号	构件名称	技　术　参　数
1	曲柄	曲柄 AB 的长度（可调）：$L_{AB} = 0.04 \sim 0.06\text{m}$ 曲柄质心 S_1 到 A 点的距离：$L_{AS_1} = 0$ 平衡质点 P_1 到 A 点的距离（可调）：$L_{AP_1} = 0.04 \sim 0.05\text{m}$ 曲柄 AB 的质量（不包括 M_{P_1}）：$M_1 = 2.45\text{kg}$ 曲柄 AB 绕质心 S_1 的转动惯量（不包括 M_{P_1}）：$J_{S_1} = 0.0045\text{kg} \cdot \text{m}^2$ P_1 点上的平衡质量 M_{P_1}：可调 曲柄 A 点到 C 点的距离：$L_{AC} = 0.18\text{m}$
2	滑块	滑块质量：$M_2 = 0.15\text{kg}$
3	导杆	导杆 CD 的长度（可调）：$L_{CD} = 0.20 \sim 0.26\text{m}$ 导杆质心 S_3 到 C 点的距离：$L_{CS_3} = 0.145\text{m}$ 导杆 CD 的质量：$M_3 = 0.9\text{kg}$ 导杆绕质心 S_3 的转动惯量：$J_{S_3} = 0.00768\text{kg} \cdot \text{m}^2$
4	连杆	连杆 DE 的长度（可调）：$L_{DE} = 0.27 \sim 0.31\text{m}$ 连杆质心 S_4 到 D 点的距离：$L_{DS_4} = 0.15\text{m}$ 连杆 DE 的质量：$M_4 = 0.55\text{kg}$ 连杆绕质心 S_4 的转动惯量：$J_{S_4} = 0.0045\text{kg} \cdot \text{m}^2$
5	滑块	滑块质量：$M_5 = 0.3\text{kg}$ 偏距值（上为正）（可调）：$e = 0 \sim 0.035\text{m}$
备注		浮动机架的总质量：$M_6 = 36.8\text{kg}$ 加速度计的方向角（可调）：$\alpha = 0 \sim 360°$ 电动机（曲柄）的额定功率：$P = 90\text{W}$ 电动机（曲柄）的特性系数：$G = 9.724(\text{r/min})/(\text{N} \cdot \text{m})$ 许用速度不均匀系数 δ：按机械要求选取 仿真计算步长 $\triangle\varPhi$：按计算精度选取

表 5 - 2　曲柄滑块机构主要技术参数

构件编号	构件名称	技　术　参　数
1	曲柄	曲柄 AB 的长度(可调): $L_{AB} = 0.04 \sim 0.06m$ 曲柄质心 S_1 到 A 点的距离: $L_{AS_1} = 0$ 平衡质点 P_1 到 A 点的距离(可调): $L_{AP_1} = 0.04 \sim 0.05m$ 曲柄 AB 的质量(不包括 M_{P_1}): $M_1 = 1.175kg$ 曲柄 AB 绕质心 S_1 的转动惯量(不包括 M_{P_1}): $J_{S_1} = 0.015kg \cdot m^2$ P_1 点上的平衡质量 M_{P_1} 可调
2	连杆	连杆 BC 的长度(可调): $L_{BC} = 0.27 \sim 0.31m$ 连杆质心 S_2 到 B 点的距离: $L_{BS_2} = L_{BC}/2$ 连杆 BC 的质量: $M_2 = 0.3kg$ 连杆绕质心 S_2 的转动惯量: $J_{S_2} = 0.00081kg \cdot m^2$
3	滑块	滑块质量: $M_3 = 0.2kg$ 偏距值(上为正)(可调): $e = 0 \sim 0.035m$
备 注		浮动机架的总质量: $M_4 = 36.8kg$ 加速度计的方向角(可调): $\alpha = 0 \sim 360°$ 电动机(曲柄)的额定功率: $P = 90W$ 电动机(曲柄)的特性系数: $G = 9.724(r/min)/(N \cdot m)$ 许用速度不均匀系数 δ: 按机械要求选取 仿真计算步长 $\triangle\Phi$: 按计算精度选取

5.1.3　实验内容

1) 曲柄导杆滑块机构实验内容

(1) 曲柄运动仿真和实测。通过数模计算得出曲柄的真实运动规律,做出曲柄角速度线图和角加速度线图;通过曲柄上的角位移传感器和 A/D 转换板进行采集、转换和处理,并输入计算机,显示出实测的曲柄角速度线图和角加速度线图。通过分析比较,了解机构结构对曲柄的速度波动的影响。

(2) 滑块运动仿真和实测。通过数模计算得出滑块的真实运动规律,做出滑块相对曲柄转角的速度线图和加速度线图;通过滑块上的位移传感器、曲柄上的同步转角传感器和 A/D 转换板进行数据采集、转换和处理,并输入计算机,显示出实测的滑块相对曲柄转角的速度线图和加速度线图。通过分析比较,了解机构结构对滑块的速度波动和急回特性的影响。

(3) 机架振动仿真和实测。通过模数计算,先得出机构质心(即激振源)的位移及速度,并做出激振源在设定方向上的速度线图和激振力线图(即不平衡惯性力)。通过机座上可调节加速度传感器和 A/D 转换板进行数据采集、转换和处理,并输入计算机,显示出实测的机架振动在指定方向上的速度线图和加速度线图。通过分析比较,了解激振力对机架振动的影响。

2) 曲柄滑块机构实验内容

(1) 曲柄滑块机构设计。采用计算机辅助设计来实现,包括按行程速比系数设计和连杆运动轨迹设计两种方法。连杆运动轨迹就是通过计算机进行虚拟仿真实验给出连杆上不同点的运动轨迹。根据工作要求,选择合适的轨迹曲线及相应的曲柄滑块机构,为按运动轨迹设计曲柄滑块机构提供方便快捷的试验设计方法。

（2）曲柄运动仿真和实测。通过数模计算得出曲柄的真实运动规律，做出曲柄角速度线图和角加速度线图，进行速度波动调节计算；通过曲柄上的角位移传感器和 A/D 转换板进行采集、转换和处理，并输入计算机，显示出实测的曲柄角速度线图和角加速度线图。通过分析比较，了解机构结构对曲柄的速度波动的影响。

（3）滑块运动仿真和实测。通过数模计算得出滑块的真实运动规律，做出滑块相对曲柄转角的速度线图和加速度线图；通过滑块上的线位移传感器、曲柄上的角位移传感器和 A/D 转换板进行数据采集、转换和处理，并输入计算机，显示出实测的滑块相对曲柄转角的速度线图和加速度线图。通过分析比较，了解机构结构对滑块的速度波动和急回特性的影响。

（4）机架振动仿真和实测。通过模数计算，先得出机构质心（即激振源）的位移，并做出激振源在设定方向上的速度线图和激振力线图（即不平衡惯性力），并指出需加平衡质量。通过机座上可调节加速度传感器和 A/D 转换板进行数据采集、转换和处理，并输入计算机，显示出实测的机架振动指定方向上的速度线图和加速度线图。通过分析比较，了解激振力对机架振动的影响。

5.1.4　实验步骤

1）曲柄导杆滑块机构实验步骤

（1）启动计算机，在桌面上双击"导杆滑块"图标，进入曲柄导杆滑块机构运动测试、设计和仿真综合试验台软件系统的封面。单击封面，进入如图 5－3 所示的曲柄导杆滑块机构动画演示界面。在此界面上，若单击"上一帧"按钮，则窗体显示该曲柄导杆滑块机构的三维画面的上一帧；若单击"下一帧"按钮，则窗体显示该曲柄导杆滑块机构的三维画面的下一帧；若单击"继续"按钮，则窗体显示该曲柄导杆滑块机构的三维动画，同时"继续"按钮变为"暂停"按钮；反之，若单击"暂停"按钮，则三维动画停止，"暂停"按钮变为"继续"按钮。

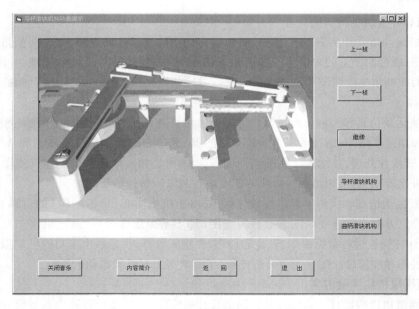

图 5－3　曲柄导杆滑块机构动画演示界面

（2）在曲柄导杆滑块机构动画演示界面上单击"导杆滑块机构"按钮，则进入如图 5－4 所示的曲柄导杆滑块机构原始参数输入界面。

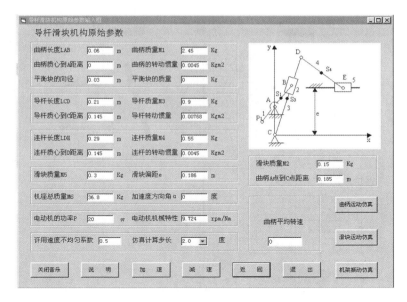

图 5 - 4　曲柄导杆滑块机构原始参数输入界面

　　(3) 在曲柄导杆滑块机构原始参数输入界面上,将设计好的曲柄导杆滑块机构的参数填写在参数输入界面对应的参数框内,然后按设计的参数调整曲柄导杆滑块机构各构件的长度。

　　(4) 启动试验台的电动机,待曲柄导杆滑块机构运转平稳后,测定电动机的功率,填入参数输入界面的对应参数框内。

　　(5) 在曲柄导杆滑块机构原始参数输入界面上,若单击位于右侧的"曲柄运动仿真"按钮,则进入如图 5 - 5 所示的曲柄运动仿真与测试分析界面;若单击位于右侧的"滑块运动仿真"按钮,则进入如图 5 - 6 所示的滑块运动仿真与测试分析界面;若单击位于右下角的"机架振动仿真"按钮,则进入如图 5 - 7 所示的机架振动仿真与测试分析界面。

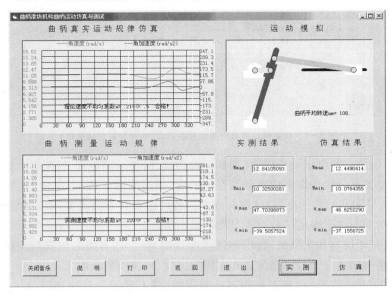

图 5 - 5　曲柄运动仿真与测试分析界面(曲柄导杆滑块机构)

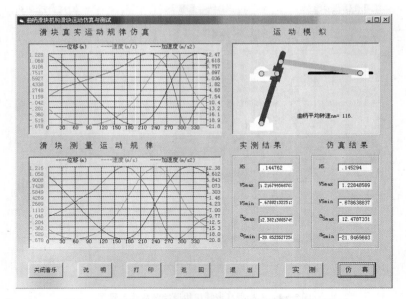

图 5−6　滑块运动仿真与测试分析界面(曲柄导杆滑块机构)

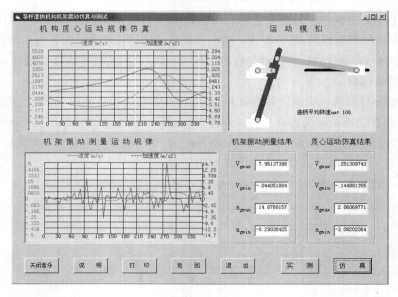

图 5−7　机架振动仿真与测试分析界面(曲柄导杆滑块机构)

　　(6)在上述的仿真与测试分析界面(曲柄运动仿真、滑块运动仿真、机架振动仿真)上,若单击"仿真"按钮,则动态显示机构即时位置和动态的速度、加速度曲线图;若单击"实测"按钮,则进行数据采集和传输,显示实测的速度、加速度曲线图。若动态参数不满足要求或速度波动过大,有关实验界面均会弹出提示"不满足!"及有关参数的修正值。

　　(7)如果要打印仿真和实测的速度、加速度曲线图,在上述有关的仿真与测试分析界面上单击"打印"按钮,则打印机自动打印出仿真和实测的速度、加速度曲线图。

　　(8)如果要做其他实验,或动态参数不满足要求,在上述的仿真与测试分析界面上单击"返回"按钮,则返回到曲柄导杆滑块机构原始参数输入界面,校对所有参数并修改有关参数,再单击选定的实验内容,进入有关实验界面。接着步骤同前。

(9) 如果实验结束,单击"退出"按钮,返回 Windows 界面。

2) 曲柄滑块机构实验步骤

(1) 启动计算机,在桌面上双击"导杆滑块"图标,进入曲柄导杆滑块机构运动测试、设计和仿真综合试验台软件系统的封面。单击封面,进入如图 5 - 3 所示的曲柄导杆滑块机构动画演示界面。

(2) 在曲柄导杆滑块机构动画演示界面右下方,单击"曲柄滑块机构"按钮,则进入如图 5 - 8 所示的曲柄滑块机构动画演示界面。在此界面上,若单击"上一帧"按钮,则窗体显示该曲柄滑块机构的三维画面的上一帧;若单击"下一帧"按钮,则窗体显示该曲柄滑块机构的三维画面的下一帧;若单击"继续"按钮,则窗体显示该曲柄滑块机构的三维动画,同时"继续"按钮变为"暂停"按钮;反之,若单击"暂停"按钮,则三维动画停止,"暂停"按钮变为"继续"按钮。

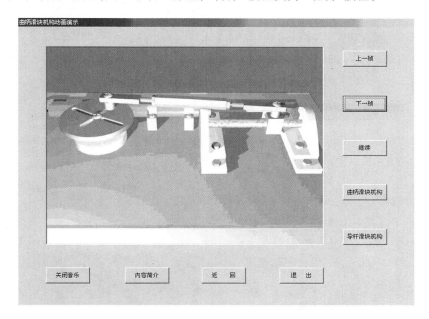

图 5 - 8　曲柄滑块机构动画演示界面

(3) 在曲柄滑块机构动画演示界面右下方,若单击"曲柄滑块机构"按钮,则进入如图 5 - 9 所示的曲柄滑块机构原始参数输入界面。

(4) 在曲柄滑块机构原始参数输入界面右下方,若单击"滑块机构设计"按钮,则弹出设计方法选择框;根据需要,可单击"设计方法一"或"设计方法二"按钮,弹出设计对话框,输入行程速比系数、滑块行程等原始参数,待计算结果出来后,单击"确定"按钮,计算机自动将计算结果原始参数填写在参数输入界面对应的参数框内;单击"连杆运动轨迹"按钮,则进入如图 5 - 10 所示的连杆运动轨迹界面,给出连杆上不同点的运动轨迹。根据工作要求,选择适合的轨迹曲线及相应曲柄滑块机构;也可以按使用者自己设计的曲柄滑块机构的尺寸填写在参数输入界面对应的参数框内,然后按设计的尺寸调整曲柄滑块机构各尺寸。

(5) 启动试验台的电动机,待曲柄滑块机构运转平稳后,测定电动机的功率,填入参数输入界面的对应参数框内。

(6) 在曲柄滑块机构原始参数输入界面右侧,若单击"曲柄运动仿真"按钮,则进入如图 5 -11

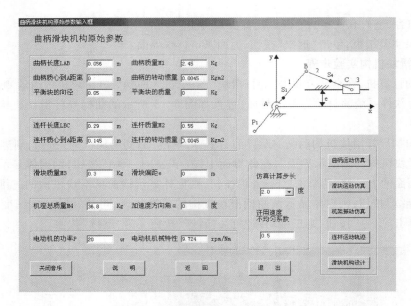

图 5 - 9　曲柄滑块机构原始参数输入界面

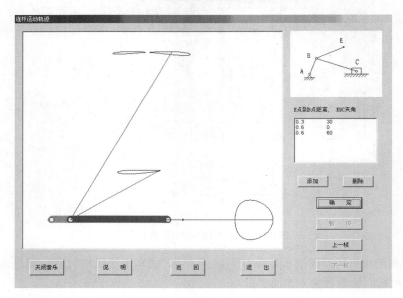

图 5 - 10　连杆运动轨迹界面

所示的曲柄运动仿真与测试分析界面;若单击"滑块运动仿真"按钮,则进入如图 5 - 12 所示的滑块运动仿真与测试分析界面;若单击"机架振动仿真"按钮,则进入如图 5 - 13 所示的机架振动仿真与测试分析界面。

　　(7) 在上述实验内容的界面(曲柄运动仿真、滑块运动仿真、机架振动仿真)右下方,若单击"仿真"按钮,则动态显示机构即时位置和动态的速度、加速度曲线图;若单击"实测"按钮,则进行数据采集和传输,显示实测的速度、加速度曲线图。若动态参数不满足要求或速度波动过大,有关实验界面均会弹出提示"不满足!"及有关参数的修正值。

　　(8) 如果要打印仿真和实测的速度、加速度曲线图,在选定的实验内容界面下方,单击"打印"

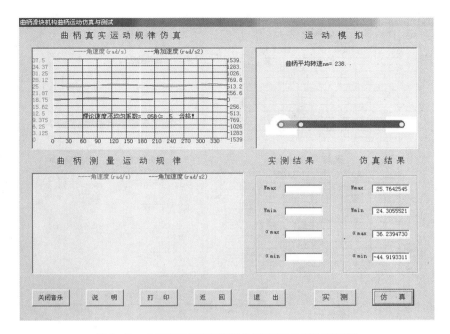

图 5 − 11　曲柄运动仿真与测试分析界面(曲柄滑块机构)

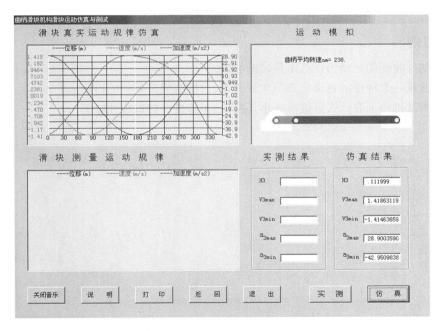

图 5 − 12　滑块运动仿真与测试分析界面(曲柄滑块机构)

按钮,则打印机自动打印出仿真和实测的速度和加速度曲线图。

（9）如果要做其他实验或动态参数不满足要求,在选定的实验内容界面下方,单击"返回"按钮,则返回曲柄滑块机构原始参数输入界面,校对所有参数并修改有关参数,单击选定的实验内容按钮,进入有关实验界面。接着步骤同前。

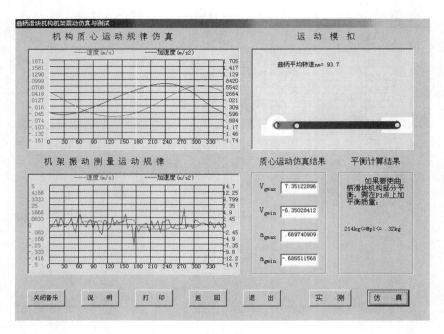

图 5 - 13　机架振动仿真与测试分析界面(曲柄滑块机构)

　（10）如果实验结束,单击"退出"按钮,返回 Windows 界面。

5.1.5　思考题

（1）原动件曲柄的运动为什么不是匀速的?

（2）试比较一个构件的运动仿真与实测曲线,分析造成其差异的原因。

（3）对测试机构采取什么措施可减小其振动、保持良好的机械性能?

5.2　曲柄导杆滑块机构多媒体测试、仿真和设计实验报告

实验名称	曲柄导杆滑块机构多媒体测试、仿真和设计				
学生姓名		学　号		任课教师	
实验日期		成　绩		实验教师	

5.2.1　实验目的

5.2.2　原始设计参数

1）曲柄导杆滑块机构

曲柄长度 = _____（m）　　　　平衡块向径 = _____（m）

导杆长度 = _____（m）　　　　平衡块质量 = _____（kg）

连杆长度 = _____（m）　　　　电动机功率 = _____（W）

滑块偏距 = _____（m）　　　　许用速度不均匀系数 = _____

2）曲柄滑块机构

曲柄长度 = _____（m）　　　　平衡块质量 = _____（kg）

连杆长度 = _____（m）　　　　电动机功率 = _____（W）

滑块偏距 = _____（m）　　　　许用速度不均匀系数 = _____

平衡块向径 = _____（m）

5.2.3　曲柄导杆滑块机构运动参数实测图

1）曲柄运动速度、加速度实测图

2）滑块运动速度、加速度实测图

3）机架振动规律实测图

5.2.4　曲柄滑块机构运动参数实测图

1）曲柄运动速度、加速度实测图

2）滑块运动速度、加速度实测图

3）机架振动规律实测图

5.2.5 思考题回答

5.2.6 心得和体会

第6章　机构系统动力学调速实验

6.1　机构系统动力学调速实验指导

6.1.1　实验目的

（1）通过机构系统动力学调速实验,观察机械的周期性速度波动现象,并掌握利用飞轮进行速度波动调节的原理和方法。

（2）通过利用传感器、工控机等先进的实验技术手段进行实验操作,训练掌握现代化的实验测试手段和方法,增强工程实践能力。

（3）通过进行实验结果与理论数据的比较,分析误差产生的原因,增强工程意识,树立正确的设计理念。

6.1.2　实验设备

如图6-1所示,机构系统动力学调速实验台由机械部分和电路控制两部分组成。其机械部分主要由电动机1、平带传动2、飞轮3、偏心曲柄滑块机构5和弹簧6组成。机构系统动力学调速实验台的主要技术参数见表6-1。

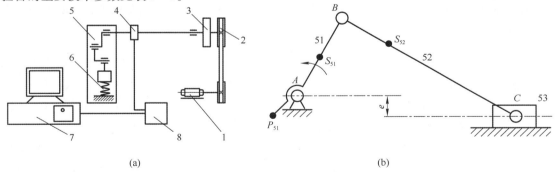

(a) (b)

图6-1　机构系统动力学调速实验台原理图

1—电动机；2—平带传动；3—飞轮；4—光电传感器；
5—偏心曲柄滑块机构；6—弹簧；7—计算机；8—控制板

6.1.3　实验原理

机械在周期性变速稳定运转中,在一个运转周期内,等效驱动力矩所做的功等于等效阻力矩所做的功。但在运转周期的任一时刻,等效驱动力矩所做的功并不等于等效阻力矩所做的功,从而导致了机械运转过程中的速度波动。机械速度波动的程度不能仅用速度变化的幅度 $\omega_{max} - \omega_{min}$ 来表示。因为 $\omega_{max} - \omega_{min}$ 一定时,对高速机械与低速机械波动的程度是不一样的,工程上同时考虑了速

表 6－1　机构系统动力学调速实验台主要技术参数

构件编号	构件名称	技　术　参　数
51	曲柄	曲柄 AB 的长度：$L_{AB} = 0.05\text{m}$ 曲柄质心 S_{51} 到 A 点的距离：$L_{AS_{51}} = 0.025\text{m}$ 平衡块的转动惯量：$J_{P_{51}} = 0.006\,74\text{kg} \cdot \text{m}^2$ 飞轮 1 的转动惯量：$J_F = 0.006\,57\text{kg} \cdot \text{m}^2$（未加飞轮） 飞轮 2 的转动惯量：$J_F = 0.014\,26\text{kg} \cdot \text{m}^2$（加小飞轮） 飞轮 3 的转动惯量：$J_F = 0.025\,82\text{kg} \cdot \text{m}^2$（加大飞轮） 曲柄 AB 的质量（不包括 M_{P1}）：$M_{51} = 0.253\text{kg}$ 曲柄 AB 绕质心 S_{51} 的转动惯量（不包括 M_{P1}）：$J_{S_{51}} = 0.000\,142\text{kg} \cdot \text{m}^2$
52	连杆	连杆 BC 的长度：$L_{BC} = 0.18\text{m}$ 连杆质心 S_{52} 到 B 点的距离：$L_{BS_{52}} = 0.045\text{m}$ 连杆 BC 的质量：$M_{52} = 0.579\text{kg}$ 连杆绕质心 S_{52} 的转动惯量：$J_{S_{52}} = 0.000\,81\text{kg} \cdot \text{m}^2$
53	滑块	滑块质量：$M_{53} = 0.335\text{kg}$ 滑块偏距值（上为正）：$e = -0.02\text{m}$
6	弹簧	弹簧刚度：$k = 1\,100\text{N/m}$ 弹簧初压量：$L = 0.01\text{m}$
备　注		电动机（曲柄）的功率：可调，$P = 0 \sim 90\text{W}$ 电动机（曲柄）的特性系数：$G = 9.724(\text{r/min})/(\text{N} \cdot \text{m})$

度波动的绝对量与平均速度的比值来表示机械运转速度的不均匀程度，用机械运转速度不均匀系数 δ 来表示，即

$$\delta = \frac{\omega_{\max} - \omega_{\min}}{\omega_{m}} \tag{6-1}$$

式中　$\omega_{\max}$——一个周期中最大角速度；

　　　$\omega_{\min}$——一个周期中最小角速度；

　　　ω_{m}——平均角速度，$\omega_{m} = (\omega_{\max} + \omega_{\min})/2$。

　　所谓机器运转周期性波动的调节，其目的就在于减小速度波动使其达到机器工作所允许的程度；或者说，减小机器运转速度不均匀系数 δ，使其不超过许用值 $[\delta]$。周期性速度波动的调节方法，是在机器中安装一个具有很大转动惯量的构件即飞轮。

　　在一个周期中最大动能 $E_{\max}$ 与最小动能 $E_{\min}$ 之差称为最大盈亏功，以 ΔW 表示，即

$$\Delta W = E_{\max} - E_{\min} = \frac{1}{2}(J_0 + J_F)(\omega_{\max}^2 - \omega_{\min}^2) \tag{6-2}$$

式中　J_0——忽略等效转换中变量部分的机器等效转动惯量；

　　　J_F——飞轮等效转动惯量。

　　在等效力矩已给定的情况下，最大盈亏功 ΔW 是一个确定值。由式（6－2）可知，当机器的等效转动惯量 J_0 越大时，机器主轴角速度的波动就越小。由此可见，当机器中安装一个转动惯量很大的飞轮时，必能减小机器的速度波动，从而达到调速的目的。

6.1.4　实验内容

（1）曲柄真实运动的仿真：通过数模计算得出真实的运动规律，做出曲柄等效驱动力矩线图、等效阻力矩线图、角速度曲线图和角加速度曲线图；进行速度波动调节计算，得出最大盈亏功 ΔW_{max} 和速度不均匀性系数 δ 值。

（2）曲柄真实运动的实测：通过曲柄上的角位移传感器和 A/D 转换器进行采集、转换和处理，并输入计算机，显示出实测的曲柄角速度线图和角加速度线图；与理论角速度线图和角加速度线图分析比较，了解机构结构对曲柄速度波动的影响。

（3）将大飞轮装在曲柄轴上，观察系统运转的不均匀性。

（4）将小飞轮装在曲柄轴上，观察系统运转的不均匀性。

（5）不装飞轮，观察系统运转的不均匀性，并进行前后比较。

6.1.5　实验步骤

（1）启动计算机，在桌面上双击"速度波动调节"图标，进入机构系统动力学调速实验台软件系统的首页。单击左键，进入曲柄滑块机构原始参数输入界面。

（2）启动实验台的电动机，待曲柄滑块机构运转平稳后，测定电动机的功率，将曲柄滑块机构原始参数输入到参数输入界面的对应参数框内。

（3）在曲柄滑块机构原始参数输入界面的左下方，单击"进入实验"按钮，进入曲柄滑块机构的曲柄运动仿真与测试分析界面。

（4）在曲柄滑块机构的曲柄运动仿真与测试分析界面的左下方，单击"等效力矩"按钮，"等效力矩"按钮变为"速度仿真"按钮，动态显示曲柄滑块机构即时位置和曲柄动态的等效驱动力矩线图和等效阻力矩线图。单击"速度仿真"按钮，"速度仿真"按钮变为"等效力矩"按钮，动态显示曲柄滑块机构即时位置和曲柄动态的角速度曲线图和角加速度曲线图。单击"速度实测"按钮，进行数据采集和传输，显示曲柄实测的角速度曲线图和角加速度曲线图。

（5）如果要打印仿真的等效驱动力矩线图、等效阻力矩线图、角速度曲线图、角加速度曲线图和实测的角速度曲线图、角加速度曲线图，在曲柄滑块机构的曲柄运动仿真与测试分析界面的下方，单击"打印"按钮，打印机就可自动打印。

（6）如果要查询实测数据，在"查询角度"中输入查询角度（ $14.4° \times n$ ），单击"实测角速度查询"文字框即可。

（7）如果要查询仿真数据，在"查询角度"中输入查询角度（ $14.4° \times n$ ），单击"仿真角速度查询"文字框即可。

（8）在曲柄轴上装上大飞轮进行测试（若要进行实验仿真，此时应在"实验序号"数据框内填入"2"）。

（9）将大飞轮卸下，装上小飞轮进行测试（若要进行实验仿真，此时应在"实验序号"数据框内填入"1"）。

（10）不加飞轮进行测试（若要进行实验仿真，此时应在"实验序号"数据框内填入"0"）。

（11）将三次实验测试运动曲线记录下来。

（12）单击"返回"按钮，返回曲柄滑块机构原始参数输入界面。

（13）单击"退出"按钮，结束程序的运行，返回 Windows 界面。

6.1.6　思考题

（1）分析大飞轮与小飞轮调速后传动平稳性的影响。哪一种好？为什么？

（2）飞轮调速的方法适用于哪类机器？

（3）平均转速提高后，速度不均匀系数 δ 怎样变化？

6.2　机构系统动力学调速实验报告

实验名称	机构系统动力学调速			
学生姓名		学　号	任课教师	
实验日期		成　绩	实验教师	

6.2.1　实验目的

6.2.2　绘制实验台原理图

6.2.3　绘制实验数据记录表

6.2.4　绘制实验参数线图

6.2.5　实验结果分析(如误差产生原因分析等)

6.2.6　思考题回答

6.2.7　心得和体会

第7章　机构运动创新设计方案实验

7.1　机构运动创新设计方案实验指导

7.1.1　实验目的

（1）加深对平面机构的组成原理及其运动特性的理解和感性认识，为机构运动方案创新设计奠定良好的基础。

（2）根据设计要求，利用若干杆组拼接各种不同的平面机构，以培养机构运动创新设计意识及综合设计的能力。

（3）训练工程实践动手能力。

7.1.2　实验设备和工具

1）机构运动创新设计方案实验台

（1）机架。如图7-1所示的实验台机架有5根铅垂立柱，它们均可沿 x 方向移动。移动时必须用双手推动，并尽可能使立柱在移动过程中保持铅垂状态。立柱移动到预定的位置后，应将立柱与上（或下）横梁靠紧，再旋紧立柱紧固螺钉（立柱与横梁不靠紧，旋紧螺钉时会使立柱在 x 方向发生偏移）。立柱上的滑块可沿 y 方向移动。将滑块移动到预定的位置后，只需将滑块上的内六角平头紧定螺钉旋紧即可。按上述方法移动立柱和滑块，就可在机架的 x-y 平面内确定固定铰链的位置。

（2）齿轮。模数为2mm，压力角为20°，齿数分别为28、35、42、56，中心距组合分别为63mm、

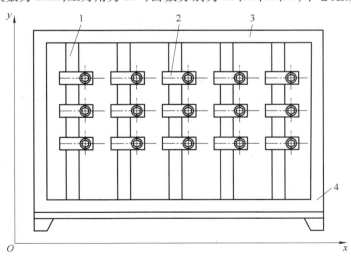

图7-1　实验台机架

1—立柱；2—滑块；3—上横梁；4—下横梁

70mm、77mm、84mm、91mm 和 98mm，各 3 件共 12 件。

（3）凸轮。基圆半径为 20mm，升回型，从动件行程为 30mm，为 3 件。

（4）齿条。模数为 2mm，压力角为 20°，单根齿条全长为 400mm，为 3 件。

（5）槽轮。4 槽槽轮，为 1 件。

（6）拨盘。可形成两销拨盘或单销拨盘，销的回转半径 $R = 49.5$mm，为 1 件。

（7）主动轴。轴端带有一平键，有圆头和扁头两种结构形式（可构成回转副或移动副）。$L = 15$mm、30mm，各为 4 件；$L = 45$mm，为 3 件；$L = 60$mm、75mm，各为 4 件。

（8）从动轴。轴端无平键，有圆头和扁头两种结构形式（可构成回转副或移动副）。$L = 15$mm，为 8 件；$L = 30$mm、45mm，各为 6 件；$L = 60$mm、75mm，各为 4 件。

（9）移动副。轴端带扁头结构形式。$L = 15$mm，为 8 件；$L = 30$mm、45mm，各为 6 件；$L = 60$mm、75mm，各为 4 件。

（10）转动副轴（或滑块）。用于两构件形成转动副或移动副，$L = 5$mm，为 32 件。

（11）复合铰链 I（或滑块）。用于三构件形成复合转动副或形成转动副 + 移动副，$L = 20$mm，为 8 件。

（12）复合铰链 II。用于四构件形成复合转动副，$L = 20$mm，为 8 件。

（13）主动滑块插件。插入主动滑块座孔中，使主动运动转变为往复直线运动，$L = 40$mm、55mm，各为 1 件。

（14）主动滑块座。装入直线电机齿条轴上形成往复直线运动，为 1 件。

（15）活动铰链座 I。用于在滑块导向杆（或连杆）以及连杆的任意位置形成转动 - 移动副，螺孔 M8，为 16 件。

（16）活动铰链座 II。用于在滑块导向杆（或连杆）以及连杆的任意位置形成转动副或移动副，螺孔 M5，为 16 件。

（17）滑块导向杆（或连杆）。其长槽与滑块形成移动副，其圆孔与轴形成转动副，$L = 330$mm，为 4 件。

（18）连杆 I（滑块导向杆）。其长槽与滑块形成移动副，其圆孔与轴形成转动副，$L = 100$mm、110mm，各为 12 件；$L = 150$mm、160mm、240mm、300mm，各为 8 件。

（19）连杆 II。其长槽与滑块形成移动副，其圆孔与轴形成转动副，这种连杆可形成三个回转副，$L_1 = 22$mm 并且 $L_2 = 138$mm，为 8 件。

（20）压紧螺栓。使连杆与转动副轴固紧，无相对转动且无轴向窜动，M5 为 40 件。

（21）带垫片螺栓。防止连杆与转动副轴的轴向分离，连杆与转动副轴能相对转动，M5 为 40 件。

（22）层面限位套。限定不同层面间的平面运动构件距离，防止运动构件之间的干涉，$L = 4$mm、7mm，各为 6 件；$L = 10$mm，为 20 件；$L = 15$mm，为 40 件；$L = 30$mm、45mm，各为 20 件；$L = 60$mm，为 10 件。

（23）紧固垫片。限制轴的回转，$\phi16$，为 20 件。

（24）高副锁紧弹簧。保证凸轮与从动件间的高副接触，为 3 件。

（25）齿条护板。保证齿轮与齿条间的正确啮合，为 6 件。

（26）T 型螺母。用于电机座与行程开关座的固定，为 20 件。

（27）行程开关碰块。为 1 件。

（28）带轮。用于机构主动件为转动时的运动传递，为 6 件。

（29）张紧轮。用于 V 带的张紧，为 3 件。

（30）张紧轮支承杆。调整张紧轮位置,使其张紧或放松 V 带,为 3 件。

（31）张紧轮轴销。安紧张紧轮,为 3 件。

（32）螺栓。特制,用于在连杆任意位置固紧活动铰链座 Ⅰ,M10×15、M10×20、M8×15,各为 6 件。

（33）直线电机。速度为 10mm/s,配直线电机控制器,根据主动滑块移动的距离,调节两行程开关的相对位置来调节齿条或滑块往复运动距离,但调节距离不得大于 400mm。注意:机构拼接未运动前,应先检查行程开关与装在主动滑块座上的行程开关碰块的相对位置,以保证换向运动能正确实施,防止机件损坏。

（34）旋转电机。转速为 10r/min,可沿机架上的长形孔改变电机的安装位置。

（35）平头紧定螺钉。标准件 M6×6,为 21 件。

（36）六角螺母。标准件 M10 为 12 件,M12 为 30 件。

（37）六角薄螺母。标准件 M8,为 12 件。

（38）平键。标准件 A 型 3×20,为 15 件。

（39）V 带。标准件,O 形,$L=710mm$、900mm、1 120mm,各为 1 根。

（40）螺栓。标准件 M4×16,为 12 件。

（41）螺母。标准件 M4,为 12,件。

2）工具

（1）一字起子、十字起子、呆扳手、内六角扳手、钢直尺、卷尺。

（2）自备铅笔、橡皮和报告纸。

7.1.3　实验原理

任何平面机构均可以用零自由度的杆组（阿苏尔杆组）依次连接到原动件和机架上去的方法来组成,这是机构的组成原理,也是本实验的基本原理。

1）杆组的概念

由于平面机构具有确定运动的条件是机构的原动件数目与机构的自由度数目相等,因此,机构均由机架、原动件和自由度为零的从动件系统通过运动副连接而成。将从动件系统拆分成若干个不可再分的自由度为零的运动链称为基本杆组（阿苏尔杆组）,简称杆组。

根据杆组的定义,组成平面机构杆组的条件是:$F=3n-2p_1-p_h=0$。式中 n 为基本杆组中的构件数,而 p_1 和 p_h 分别为基本杆组中的低副和高副的数目。根据上式可以获得各种类型的杆组。最简单的基本杆组是由两个构件和三个低副（$n=2,p_1=3$）构成的,把这种基本杆组称为 Ⅱ 级杆组。Ⅱ 级杆组是应用最多的基本杆组,绝大多数的机构是由 Ⅱ 级杆组构成的。Ⅱ 级杆组可以有五种不同的类型,如图 7-2 所示。

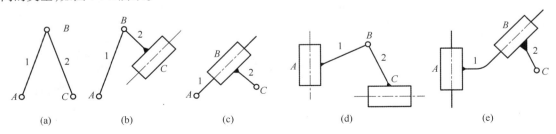

图 7-2　平面低副 Ⅱ 级杆组的类型

在少数结构比较复杂的机构中,除Ⅱ级杆组外,还有Ⅲ级杆组。如图7-3所示为三种常见的Ⅲ级杆组结构形式,均由四个构件和六个低副($n=4$,$p_1=6$)所组成,而且都有一个包含三个低副的构件。

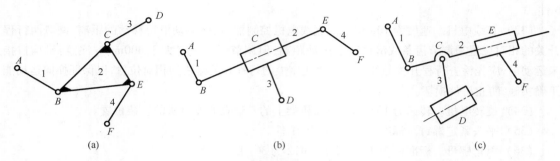

图7-3　平面低副Ⅲ级杆组的常见类型

2）杆组的正确拆分

杆组的正确拆分应按如下步骤:

（1）先去掉机构中的局部自由度和虚约束,若机构中含有高副,可根据一定条件将机构的高副以低副代替。

（2）计算机构的自由度,确定原动件。

（3）从远离原动件的一端(即执行机构)先试拆分Ⅱ级杆组,若拆不出Ⅱ级杆组时,再试拆Ⅲ级杆组,即由最低级别杆组向高一级杆组依次拆分,最后剩下原动机和机架。

正确拆分杆组的判别标准是:拆去一个杆组或一系列杆组后,剩余的必须仍为一个完整的机构或若干个与机架相连的原动件,不允许有不成组的零散构件或运动副存在,否则这个杆组拆得不对。每当拆出一个杆组后,再对剩余机构拆杆组,并按步骤(3)进行,直到全部杆组拆完,只应剩下与机架相连的原动件为止。

如图7-4a所示的锯木机机构,先除去 K 处的局部自由度,高副低代后得图7-4b,按步骤(2)计算机构的自由度:$F=3n-2p_1-p_h=3\times9-2\times13=1$,并确定凸轮为原动件。然后按步骤(3),从远离原动件的一端先拆分出由构件4和5组成的Ⅱ级杆组,再拆分出由构件6和7及构件3和2、构件8和10组成的三个Ⅱ级杆组,最后剩下原动件1和机架9,如图7-4c所示。

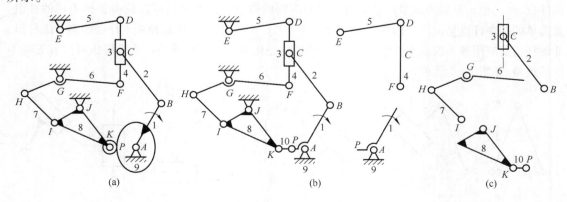

图7-4　锯木机机构杆组拆分

3）正确拼装杆组

根据拟定的机构运动学尺寸,利用机构运动创新方案实验台提供的零件按机构运动传递顺序进行拼装。拼装时,首先要分清机构中各构件所占据的运动平面,并且使各构件的运动在相互平行的平面内进行,其目的是避免各运动构件发生干涉。然后,以实验台机架铅垂面为拼装的起始参考面,所拼装的构件以原动件起始,依运动传递顺序将各杆组由里(参考面)向外进行拼装。

注意:为避免连杆之间运动平面相互紧贴而摩擦力过大或发生运动干涉,在装配时应相应装入层面限位套。

7.1.4　实验方法和步骤

（1）掌握平面机构组成原理。

（2）熟悉机构运动创新设计方案实验台、各零部件功用和安装、拆卸工具。

（3）自拟机构运动方案(要求在实验前将机构运动方案设计出来)或选择实验参考题目中提供的机构运动方案作为拼装实验方案。

（4）将机构运动方案根据机构组成原理按杆组进行正确拆分,并用机构运动简图表示。

（5）正确拼接各基本杆组。

（6）将基本杆组按运动传递规律顺序连接到原动件和机架上。

7.1.5　实验参考题目

参考题目一:设计一内燃机机构,参考方案如图 7－5 所示。滑块 7 在压力气体作用下做往复直线运动,带动曲柄 1 回转并使滑块 6 也做往复直线运动,并使压力气体通过不同路径进入滑块 7 的左、右端并实现排气。

参考题目二:设计一精压机机构,参考方案如图 7－6 所示。当曲柄 1 连续转动时,滑块 3 上、下移动,通过杆 4、5 和 6 使滑块 7 做上下移动,完成物料的压紧。对称部分杆 8、9 和 10 的作用是使滑块 7 平稳下压,使物料受载均衡。

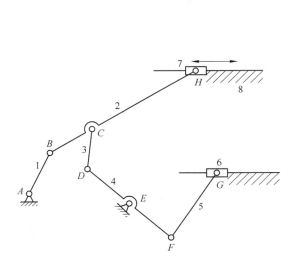

图 7－5　参考题目一——内燃机机构

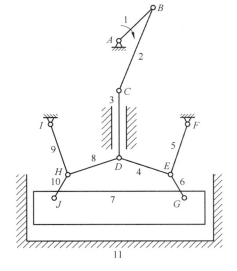

图 7－6　参考题目二——精压机机构

　　参考题目三：设计一牛头刨床机构,参考方案如图 7－7 所示。当曲柄 1 回转时,导杆 3 绕点 A 摆动并具有急回性质,使杆 5 完成往复直线运动,并具有工作行程慢、非工作行程快回的特点。

　　参考题目四：设计一两齿轮-曲柄摇杆机构,参考方案如图 7－8 所示。当曲柄 1 回转时,连杆 2 驱动摇杆 3 摆动,从而通过齿轮 5 与齿轮 4 的啮合驱动齿轮 4 回转。由于摇杆 3 往复摆动,从而实现齿轮 4 的往复回转。

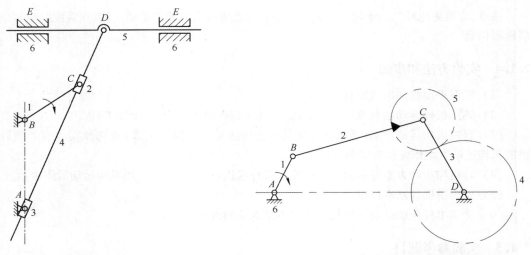

图 7－7　参考题目三——牛头刨床机构　　　　图 7－8　参考题目四——齿轮-曲柄摇杆机构

　　参考题目五：设计一两齿轮-曲柄摆块机构,参考方案如图 7－9 所示。当曲柄 2 回转时,通过连杆 3 使摆块 5 摆动,从而改变连杆的姿态,使齿轮 4 带动齿轮 1 做相对曲柄的同向回转与逆向回转。

　　参考题目六：设计一喷气织机开口机构,参考方案如图 7－10 所示。曲柄 AB 以等角速度回转,带动导杆 BC 随摆块摆动的同时与摆块做相对移动,在导杆 BC 上固装的齿条 E 与活套在轴上的齿轮 G 相啮合,从而使齿轮 G 做大角度摆动,与齿轮 G 固连在一起的杆 DD' 随之运动,通过连杆 DF ($D'F'$)使滑块做上下往复运动。

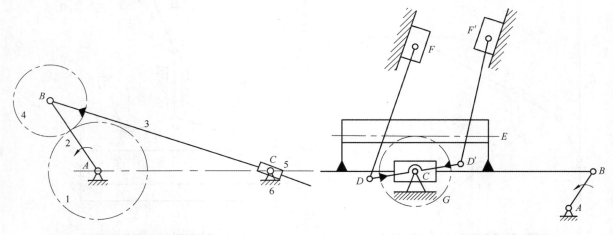

图 7－9　参考题目五——齿轮-曲柄摆块机构　　　　图 7－10　参考题目六——喷气织机开口机构

参考题目七：设计一椭圆画器机构,参考方案如图 7 - 11 所示。当曲柄 1 做匀速转动时,滑块 3、4 均做直线运动,同时,杆件 2 上任一点的轨迹为一椭圆。

参考题目八：设计一冲压机构,参考方案如图 7 - 12 所示。该机构中,*AD* 杆与齿轮 1 固连,*BC* 杆与齿轮 2 固连。当齿轮 1 匀速转动时,带动齿轮 2 回转,从而通过连杆 3、4 驱动杆 5 上下直线运动以完成预定冲压功能。

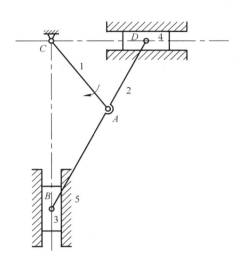

图 7 - 11　参考题目七——椭圆画器机构

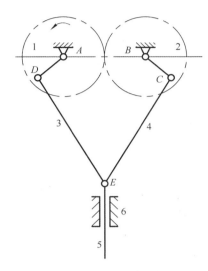

图 7 - 12　参考题目八——冲压机构

参考题目九：设计一插床机构,参考方案如图 7 - 13 所示。当曲柄 1 匀速转动时,通过滑块 2 带动杆件 3 绕 *B* 点回转,通过连杆 4 驱动滑块 5 做直线移动。由于导杆机构驱动滑块 5 往复直线运动时对应的曲柄 1 转角不同,故滑块 5 具有急回特性。

参考题目十：设计一筛料机构,参考方案如图 7 - 14 所示。当曲柄 1 匀速转动时,通过摇杆 3 和连杆 4 带动滑块 5 做往复直线运动,由于曲柄摇杆机构的急回特性,使得滑块 5 速度和加速度变化较大,从而达到筛料的目的。

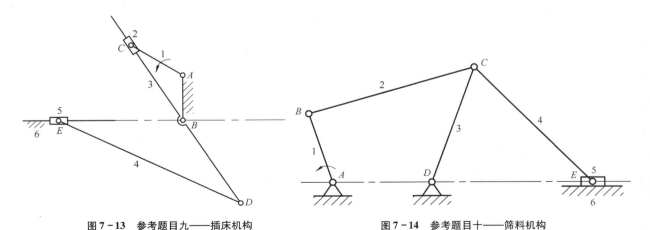

图 7 - 13　参考题目九——插床机构

图 7 - 14　参考题目十——筛料机构

参考题目十一：设计一粗梳毛纺细纱机钢领板运动的传动机构,参考方案如图 7 - 15 所示。凸轮 1 为主动件,做匀速转动,通过摇杆 2 和连杆 3 使齿轮 4 回转,通过齿轮 4 与齿条 5 的啮合,使齿条5做直线运动。由于凸轮轮廓曲线和行程限制以及各杆件的尺寸制约关系,齿轮4只能做往复转动,从而使齿条5做往复直线移动。

参考题目十二:设计一凸轮-五连杆机构,参考方案如图7-16所示。凸轮1为主动件,做匀速转动,通过杆1和杆4、杆3将运动传递给杆2,从而使杆2的运动是两种运动的合成运动,因此杆2上的C点可以实现给定的运动轨迹。

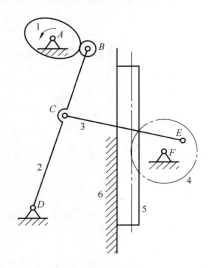

图7-15　参考题目十一——粗梳毛纺细纱机传动机构

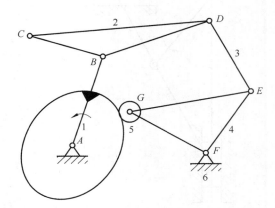

图7-16　参考题目十二——凸轮-五连杆机构

参考题目十三:设计一行程放大机构,参考方案如图7-17所示。当曲柄1匀速转动时,连杆上C点做直线运动,通过齿轮3带动齿条4做直线移动,齿条4的移动行程是C点行程的两倍。

参考题目十四:设计一冲压机构,参考方案如图7-18所示。当齿轮1匀速转动时,齿轮2带动与其同轴的凸轮3一起转动,通过连杆机构使滑块7和滑块10做往复直线移动,其中滑块7完成冲压运动,滑块10完成送料运动。

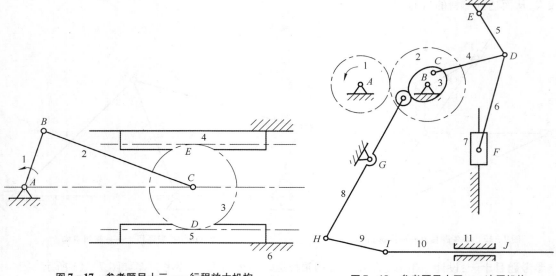

图7-17　参考题目十三——行程放大机构

图7-18　参考题目十四——冲压机构

7.1.6　思考题

（1）机构的组成原理是什么？何为基本杆组？

（2）为何要对平面高副机构进行"高副低代"？如何进行"高副低代"？

（3）铰链四杆机构中,连杆上的点要实现已知的轨迹,哪些是设计中可调整的参数？

（4）摆动导杆机构,以曲柄为主动件,具有最好的传力性能。若以导杆为主动件,其传力性能如何？是否会出现机构的死点？如何克服？

（5）机构设计中,要求最小传动角 $\gamma_{min} \geqslant [\gamma]$。对于曲柄摇杆机构,哪些机构位置将可能出现最小传动角？调整该机构的哪些参数可使最小传动角增大？

7.2　机构运动创新设计方案实验报告

实验名称	机构运动创新设计方案			
学生姓名		学　　号		任课教师	
实验日期		成　　绩		实验教师	

7.2.1　实验目的

7.2.2　分析与计算

（1）绘制实际拼装的机构运动简图、计算机构自由度,并在简图中标注实测得到的机构运动学尺寸。

（2）分析并拆分实际拼装机构的基本杆组。

（3）根据你所拆分的杆组,按不同方式拼装杆组,可能组合的机构运动方案有哪些? 要求用机构运动简图表示出来,并简要说明各机构的运动传递情况,就运动学性能进行方案比较。

7.2.3　思考题回答

7.2.4　心得和体会

第 2 篇

机械设计课程实验

第8章　通用零部件和常用传动的认知实验

8.1　通用零部件和常用传动的认知实验指导

8.1.1　实验目的

（1）了解通用零部件的结构、类型、特点及应用。

（2）了解各种常用传动及密封装置的特点及应用,增强感性认识。

（3）通过对通用零部件和常用传动的认知,建立现代机械设计的意识。

8.1.2　实验设备

机械设计陈列柜(共10柜)主要展示各种机械零件的类型、工作原理、应用及结构设计,所展示的机械零件既有实物,也有模型,部分结构作了剖切。机械设计陈列柜各柜柜名及陈列的内容见表8-1。

表8-1　机械设计陈列柜各柜柜名及陈列的内容

序号	柜　名	陈　列　内　容
1	螺纹连接与应用	螺纹的类型与应用、螺纹连接的基本类型与防松、标准连接件、提高螺栓连接强度的措施
2	键、花键、无键、销、铆、焊、胶接	键连接、花键连接、无键连接、销连接、铆接、焊接、胶接
3	带传动	带传动的类型、带轮结构、带的张紧装置
4	链传动	链传动的组成、链传动的运动特性、链条类型、链轮结构、链传动的张紧装置
5	齿轮传动	齿轮传动的基本类型、轮齿的失效形式、齿轮传动的受力分析、齿轮的结构
6	蜗杆传动	蜗杆传动的类型、蜗杆结构、蜗轮结构、蜗轮蜗杆传动的受力分析
7	滑动轴承与润滑密封	推力滑动轴承、轴瓦结构、向心滑动轴承、润滑用油杯、密封方式、标准密封件
8	滚动轴承与装置设计	滚动轴承主要类型、直径系列和宽度系列、轴承装置典型结构
9	轴的分析与设计	轴的类型、轴上零件定位、轴的结构设计
10	联轴器与离合器	刚性联轴器、弹性联轴器、离合器

8.1.3　实验内容

参观机械设计陈列柜。机械设计陈列柜主要解说词是:

同学们,你们好!欢迎大家参观机械设计陈列柜。全套陈列柜共10个柜,系统展示连接、机械传动和轴系部件等通用零件的基本类型、结构特点及有关设计知识,目的在于帮助大家增强感性认识,培养机械设计能力。

请大家按陈列顺序参观,并仔细听取录音讲解。

第一柜　螺纹连接与应用

螺纹连接应用广泛,先看看几个应用实例。现在亮灯处的是缸体缸盖模型,两者用螺栓相连接。作为紧固用的螺纹连接在生产生活中随处可见。它是一种可拆连接,即多次装拆而无损其使用性能。

螺纹零件除用作连接外,还可用作传递运动和动力,称为螺旋传动。现在看一种进给装置模型。当电动机驱动螺杆旋转时,旋合螺母带着进给滑台做直线运动。

再往右看,这里陈列有台虎钳和螺旋起重器的模型,它们分别用于夹紧工件和顶起重物,也是螺旋传动的典型实例。

用于连接和传动的螺纹有多种种类。这里陈列有连接用的普通螺纹、圆柱管螺纹、圆锥管螺纹和圆锥螺纹,它们的牙型是三角形。传动用的螺纹有矩形螺纹、梯形螺纹和锯齿形螺纹。在上述螺纹中,除矩形螺纹外,都已标准化。

螺纹连接有四种基本类型,现在大家看到的是螺栓连接、双头螺柱连接、螺钉连接和紧定螺钉连接。值得注意的是,在螺栓连接中,有普通螺栓连接与铰制孔用螺栓连接之分。普通螺栓连接的结构特点是螺栓杆与被连接件上的通孔之间有间隙,而铰制孔用螺栓连接的螺栓杆与通孔间采用基孔制过渡配合。因此,工作时两者的传力原理是不同的,普通螺栓连接靠摩擦传力,螺栓受拉;铰制孔用螺栓连接是靠螺栓杆的剪切与挤压传力,螺栓杆受剪切和挤压。

螺纹连接离不开连接件。螺纹连接件种类很多,这里陈列有常见的螺栓、双头螺柱、螺钉、螺母和垫圈等,它们的结构形式和尺寸都已标准化,设计时按标准件选用。

螺纹连接应用时要考虑防止松脱。防松的根本问题在于防止螺旋副相对转动。防松方法主要有两种:利用摩擦防松和利用机械元件防松。这里陈列的对顶螺母、弹簧垫圈和自锁螺母属摩擦防松的结构形式。开口销与开槽螺母、止动垫圈和串联钢丝则属于机械防松。

为了提高螺栓连接的强度,可以采用多种途径,如降低影响螺栓疲劳强度的应力幅,改善螺纹牙上载荷分布不均现象,避免附加弯曲应力等,这里陈列的腰状杆螺栓、空心螺栓能减少螺栓刚度,从而降低影响螺栓疲劳强度的应力幅。具有均载结构的悬置螺母能使螺母受拉伸,减小了螺栓和螺母的螺距变化差,因此有利于改善螺纹牙上载荷分布不均现象。球面垫圈、腰环螺栓具有减少附加弯曲应力的效果。

第二柜　键、花键、无键、销、铆、焊、胶接

我们先看键连接。键是一种标准零件,通常用于实现轴与轮毂之间的周向固定,并传递转矩。这里陈列有键连接的几种主要类型,依次为平键连接、半圆键连接、楔键连接和切向键连接。其中平键连接应用最广。

观察普通平键连接模型可以发现,键的两侧面为工作面,工作时,靠键与键槽侧面的挤压来传递转矩。平键连接具有结构简单、装拆方便、对中性较好等优点,因而得到广泛应用。这种键连接不能承受轴向力,因而对轴上的零件不能起到轴向固定的作用。

普通平键按构造不同,有圆头、方头及单圆头三种形式。

半圆键工作时,也是靠其侧面来传递转矩,半圆键连接一般只用于轻载连接中。

楔键连接工作时,靠键的楔紧作用来传递转矩,同时还可以承受单向的轴向载荷,对轮毂起到单向的轴向定位作用。楔键连接适用于低速、轻载和对传动精度要求不高的地方。

切向键由一对斜度为 1:100 的楔键组成。工作时,靠工作面上的挤压力和轴与轮毂间的摩擦

力来传递转矩。由于切向键的键槽对轴的削弱较大,常用于直径大于 100mm 的轴上。

再看花键连接,它由外花键和内花键组成。按其齿形不同,可分为矩形花键、渐开线花键和三角形花键三种。观察花键的结构可以发现,花键连接是平键连接在数目上的发展。但由于结构形式和制造工艺的不同,与平键连接比较,花键连接在强度、工艺及使用方面具有新的优点,如连接受力较为均匀,可承受较大载荷,轴上零件与轴的对中性好,用于动连接时的导向性较好,可用研磨的方法提高加工精度及连接质量。花键连接的缺点是,齿根仍有应力集中,有时需用专门设备加工,成本较高。

接下来看无键连接。凡是轴与毂的连接不用键、花键或销时,统称无键连接。这里陈列的型面连接和弹性环连接,就是无键连接的实例。无键连接因减少了应力集中,所以能传递较大的转矩,但加工比较复杂。

再看销连接。销按其功能分为三种:用来固定零件之间相对位置的称定位销;用于轴与毂连接以传递转矩的称连接销;此外,它还可以作为安全装置中的过载剪断元件,称为安全销。销按其形状可分为圆柱销、圆锥销、开口销及特殊形状的销等,其中圆柱销、圆锥销及开口销均有国家标准。

请往下看铆接。铆接是一种不可拆机械连接,它主要由铆钉和被连接件组成。这些基本元件在构造物上所形成的连接部分统称为铆接缝,简称铆缝。铆缝的结构形式很多,这里陈列三种接缝:搭接缝、单盖板对接缝和双盖板对接缝。铆接具有工艺设备简单、抗振、耐冲击和牢固可靠等优点,但结构一般较笨重,被铆件上的铆钉孔会削弱强度,铆接时噪声较大。因此,目前除在桥梁、建筑、造船等工业部门仍常采用外,应用逐渐减少,并为焊接、胶接所替代。

焊接是通过被焊接部位的金属局部熔化,同时机械加压而形成的不可拆连接。在机械制造业中,常用的焊接方法有电焊、气焊与电渣焊,其中尤以电焊应用最广。焊接后焊件形成的接缝称为焊缝。这里陈列有电弧焊缝的常见形式:正接角焊缝、搭接角焊缝、对接焊缝和塞焊缝。角焊缝用于连接位于同一平面内的被焊件;塞焊缝用于受力较小和避免增大质量时的情况。

最后看胶接。胶接是利用胶黏剂在一定条件下把预制的元件连接在一起,并具有一定的连接强度。采用胶接时,要正确选择胶黏剂和设计胶接接头。这里陈列有几种典型的胶接接头结构,如板件接头、圆柱形接头、锥形接头和角接头等。

第三柜　带传动

带传动是一种常见的机械传动。它有平带传动、V 带传动和同步带传动等类型。现在运转着的是平带传动。平带的横剖面为矩形,它事先张紧在主、从动轮上。工作时,靠带与带轮之间的摩擦力传递运动和动力。

再看 V 带传动。V 带的横剖面呈等腰梯形,带轮上也做出相应的轮槽。传动时,V 带只和轮槽的两个侧面接触,即以两侧面为工作面。根据槽面摩擦原理,在同样的张紧力下,V 带传动较平带传动能产生更大的摩擦力,这是 V 带传动性能上的最主要优点。再加上 V 带传动允许的传动比较大,结构较紧凑,以及 V 带多已标准化并大量生产等优点,因而 V 带传动的应用比平带传动广泛得多。

V 带也有多种类型。这里陈列有标准普通 V 带,它制成无接头环形,根据截面尺寸大小,分为多种型号。在传动中心距不能调整的场合,可以使用接头 V 带。另外,还有一种多楔带,它兼有平带和 V 带的优点,主要用于传递功率较大而结构要求紧凑的场合。

同步带传动是一种新型带传动,它的特点是带的工作面带齿,相应的带轮也制出齿形。工作时,带的凸齿与带轮外缘上的齿槽进行啮合传动。同步带传动的突出优点是:无滑动,带与轮同步传动,能保证固定的传动比。其主要缺点是安装时中心距要求严格,且价格较高。

接着看 V 带轮结构。这里陈列有实心式、腹板式、孔板式和轮辐式等常见形式 V 带轮。选择什么样的结构形式,主要取决于带轮的直径大小,其轮槽尺寸根据带的型号确定。带轮的其他结构尺寸由经验公式计算确定。

往下看 V 带传动的张紧装置。为了防止带的塑性变形引起的松弛,确保带的传动能力,设计时必须考虑张紧问题。这里陈列有常见的几种张紧装置,依次为:滑道式定期张紧装置,利用电动机自重使带轮绕固定轴摆动的自动张紧装置,采用张紧轮的张紧装置。

第四柜　链传动

链传动也是应用较广泛的一种机械传动。观察运转中的链传动,可知它由主、从动链轮和链条所组成。链传动主要用在要求工作可靠,且两轴相距较远,以及其他不宜采用齿轮传动的场合。

在一般机械传动中,常用的是传动链,它有套筒滚子链、齿形链等类型。

套筒滚子链简称滚子链,自行车上用的链条就是这种。它主要由滚子、套筒、销轴、内链板和外链板所组成。滚子链又有单排链、双排链或多排链之分,多排链传递的功率较单排链大。当链节数为偶数时,链条接头处可用开口销或弹簧卡片来固定;当链节数为奇数时,需采用过渡链节来连接链条。

齿形链又称无声链。它是由一组带有两个齿的链板左右交错并列铰接而成。工作时通过链板上的链齿与链轮轮齿相啮合来实现传动。齿形链上设有导板,以防止链条在工作时发生侧向窜动。导板有内导板和外导板两种,内导板齿形链的导向性好,工作可靠,适用于高速及重载传动;外导板齿形结构简单,但其导向性差。

接下来看链轮的结构。这里陈列有整体式、孔板式、齿圈焊接式和齿圈用螺栓连接式等结构形式,设计时根据链轮直径大小选择。滚子链轮的齿形已标准化,可用标准刀具进行加工。

现在我们来了解链传动的运动特性。请看多边形效应模型。由于链是由刚性链节通过销轴铰接而成,当链绕在链轮上时,其链节与相应的轮齿啮合后,这一段链条将曲折成正多边形的一部分。该正多边形的边长等于链条的节距,边数等于链条齿数。当主动链轮以等角速度转动时,其铰链处的圆周速度的大小是不变的,但它的方向在变化,即与水平线的夹角在变化。这样,沿着链条前进方向的水平分速度随着销轴的位置变化而周期变化。从而导致从动轮的角速度周期性变化。链传动的瞬时传动比不断变化的特性,称为运动的不均匀性,又称链传动的多边形效应。链传动的这一特性,使得它不宜用在速度过高的场合。

往下看链传动的张紧。链传动张紧主要是为了避免链条垂度过大时产生啮合不良和链条振动,同时也为增加链条与链轮的啮合包角。当两轮轴心线与水平面的倾斜角大于 60°时,通常设有张紧装置。

张紧方法很多,这里陈列有三种,分别为张紧轮自动张紧、张紧轮定期张紧和托板张紧。

第五柜　齿轮传动

齿轮传动是机械传动中最主要的一类传动,形式很多,应用广泛。这里展示的是最常用的直齿圆柱齿轮传动、斜齿圆柱齿轮传动、齿轮齿条传动、直齿圆锥齿轮传动和曲齿圆锥齿轮传动。

齿轮传动的失效主要是轮齿的失效,轮齿常见的失效形式有五种:轮齿折断、齿面磨损、齿面胶合、齿面点蚀和塑性变形。研究轮齿失效形式,主要是为了建立齿轮传动的设计准则。目前设计一般使用的齿轮传动时,通常只按保证齿根弯曲疲劳强度准则及保证齿面接触疲劳强度准则设计。

对于闭式齿轮传动,通常以保证齿面接触疲劳强度为主,但对于齿面硬度很高、齿心强度又低的齿轮或材质较脆的齿轮,则以保证齿根弯曲疲劳强度为主。

开式或半开式齿轮传动,仅以保证齿根弯曲疲劳强度作为设计准则。为了延长齿轮传动寿命,可视具体需要而将所求得的模数适当增大。

为了进行强度计算,必须对轮齿进行受力分析。先看直齿圆柱齿轮受力分析模型。作用在齿面的法向载荷,在节点处分解为两个相互垂直的分力,即圆周力和径向力。主动轮上的圆周力与转向相反,从动轮上的圆周力与转向相同。径向力指向轮心。

再看斜齿圆柱齿轮受力分析模型。与直齿轮比较,它多分解出一个轴向力。轴向力的方向取决于齿轮的螺旋线方向及转向。

最右边的是直齿圆锥齿轮的受力分析模型。作用在齿面的法向载荷分解出相互垂直的圆周力、径向力和轴向力。轴向力的方向总是背离锥顶指向大端。在主、从动轮中,径向力与轴向力成作用和反作用关系,这是它不同于圆柱齿轮的地方。

往下看齿轮的结构。这里依次陈列有齿轮轴、实心式、腹板式和轮辐式结构形式。

对于直径很小的钢制齿轮,应将齿轮和轴做成一体,称为齿轮轴。直径较大时,齿轮与轴以分开制造较为合理。当齿顶圆直径不超过 160mm 时,可以做成实心结构的齿轮。当齿顶圆直径小于 500mm 时,可做成腹板式结构。当齿顶圆直径为 400～1 000mm 时,可做成轮辐剖面为"十"字形的轮辐式结构的齿轮。

第六柜　蜗杆传动

蜗杆传动是用来传递空间互相垂直交错的两轴间的运动和动力的传动机构,它具有传动平稳、传动比大、结构紧凑等优点。

首先,我们来了解蜗杆传动的类型。这里自左至右陈列有圆柱蜗杆传动、环面蜗杆传动和锥蜗杆传动等。其中以普通圆柱蜗杆传动最为常见。

普通圆柱蜗杆传动,又称阿基米德蜗杆传动。在通过蜗杆轴线并垂直于蜗轮轴线的中间平面上,蜗杆与蜗轮的啮合关系可以看作齿条和齿轮的啮合关系。

现在看蜗杆传动的受力情况。观察陈列的蜗杆传动受力分析模型可以发现,蜗杆的圆周力与蜗轮的轴向力、蜗杆的径向力和蜗轮的径向力、蜗杆的轴向力与蜗轮的圆周力,是三对大小相等、方向相反的力。

在确定各力的方向时,主要是确定蜗杆所受轴向力的方向,它是由螺旋线的旋向和蜗杆的转向来决定的。

蜗杆的结构。由于蜗杆螺旋部分的直径不大,所以常和轴做成一体,这里陈列有两种结构形式的蜗杆,其中一种无退刀槽,加工螺旋部分只能用铣制的办法;另一种有退刀槽,螺旋部分可以用车制或铣制,但这种结构的刚度较前一种差。

蜗轮的结构。常用的蜗轮结构形式也有多种,这里陈列有齿圈式、螺栓连接式、整体浇铸式和拼铸式等典型结构。左起第一种为齿圈式结构,蜗轮由青铜齿圈和铸铁轮芯所组成,用过盈配合连接,并加装有紧定螺钉,以增强连接的可靠性。这种结构多用于尺寸不太大或工作温度变化较小的地方。第二种为螺栓连接式结构,它装拆比较方便,多用于尺寸较大或容易磨损的蜗轮。第三种为整体浇铸式结构,主要用于铸铁蜗轮或尺寸很小的青铜蜗轮。最右边的为拼铸式结构,是在铸铁轮芯上加铸青铜齿圈,然后切齿,只用于成批制造的蜗轮。

第七柜　滑动轴承与润滑密封

滑动轴承是滑动摩擦轴承的简称,用来支承转动零件。按其所能承受载荷的方向,可分为径向轴承和止推轴承两大类。

先看整体式径向滑动轴承。它由整体轴套和轴承座组成,其结构简单,但装拆不太方便。磨损后轴承间隙也无法调整。因而这种轴承多用在间歇性工作和低速轻载的机器中。

再看对开式径向滑动轴承。它由剖分式轴瓦、轴承座、轴承盖和双头螺栓等组成,装拆比较方便,轴承间隙大小也可以在一定范围内进行调整。轴瓦与轴肩端面接触时,可承受不大的轴向力。

在对开式轴承右边的是带锥套表面轴套的轴承,通过螺母使轴套沿轴向移动,能调整轴承间隙的大小。这种轴承常用在一般用途的机床主轴上。

最右边的是结构特殊的可倾瓦多油楔径向轴承。它可以形成多个承载油楔,轴承的轴心稳定性较好。

再看止推滑动轴承。它用来承受轴向载荷,主要由轴承座与止推轴颈组成。这里陈列的是推力轴承的四种结构:实心式、单环式、空心式和多环式。采用空心式轴颈可使接触端面上的压力分布较均匀,采用多环式有利于提高承载能力和承受双向轴向载荷。

往右看轴瓦结构。轴瓦是直接与轴颈接触的零件,是滑动轴承的重要元件。常用的轴瓦有整体式和剖分式两种结构。整体轴瓦又称轴套,有光滑的和带油槽的两种。剖分轴瓦用于对开式滑动轴承上。为了节约贵重有色金属,可采用双金属轴瓦结构。这种轴瓦的瓦底为一般材料,内表面则采用减摩耐磨性能好的轴瓦材料。为了将润滑油导入整个摩擦表面,轴瓦上须开设油孔或油槽。

下面我们简单了解一下有关润滑密封的问题。为了在摩擦面间加入润滑剂进行润滑,需要各种润滑装置。这里陈列的是润滑用的各种油杯,它们适用于分散润滑的场合。

再了解机器的密封问题。这里陈列的机械密封有两种方式:接触式密封与非接触式密封。

接触式密封装置中的密封元件(如毡圈、唇形密封圈、密封环、橡胶圈等)与轴表面接触,其特点是结构简单,但磨损较快、寿命短,适合速度较低的场合。

非接触式密封采用隙缝密封、甩油密封、曲路密封等方式来实现,它适合速度较高的地方。

第八柜　滚动轴承与装置设计

滚动轴承是滚动摩擦轴承的简称,是现代机器中广泛应用的部件之一。滚动轴承由内圈、外圈、滚动体和保持架组成。滚动体是形成滚动摩擦的基本元件,它可以制成球状或不同的滚子形状,相应地有球轴承和滚子轴承之分。如果按承载方向分类,则有向心轴承、推力轴承和向心推力轴承三大类。

滚动轴承的类型很多,这里陈列出常用的 10 类轴承,如深沟球轴承、调心球轴承、圆柱滚子轴承、调心滚子轴承、滚针轴承、螺旋滚子轴承、角接触球轴承、圆锥滚子轴承、推力球轴承和推力调心滚子轴承等。设计时可根据载荷、转速、调心性能要求及其他条件选择轴承的类型。

在陈列柜的右边,可以看到轴承直径系列和宽度系列的对比。结构相同、内径相同的轴承在外径、宽度上可以变化,从而形成直径系列和宽度系列,这有利于设计选用。

下面介绍轴承装置的典型结构。要保证轴承顺利工作,除了正确选择轴承类型和尺寸外,还应正确设计轴承装置,即解决轴承的安装、配置、紧固、调节、润滑、密封等结构设计问题。这里陈列有几种典型结构,可供设计时借鉴。

先看圆柱齿轮轴承装置的两种结构。左边的为直齿轮轴承部件,它采用深沟球轴承和凸缘式轴承盖。两轴承内圈一侧用轴肩定位,外圈靠轴承盖做轴向固定,属于两端固定的支承方式。右端轴承的外圈与轴承盖间留有间隙,供受热后自由伸长。间隙大小通过轴承盖与箱体结合处的垫片调整。轴承透盖处采用接触式密封。轴承用油润滑。

再看右边的斜齿轮轴承部件,它采用角接触球轴承,嵌入式轴承盖,也是两端固定的支承方式。右轴承外圈与轴承盖间的调整环用来调节轴向间隙,轴承采用脂润滑,两内侧设有挡油盘,透盖处采用接触式密封方式。

再看右边的人字齿轮轴承部件。它采用外圈无挡边的圆柱滚子轴承,靠轴承内外圈做双向轴向固定,工作时轴可以少量地双向轴向移动,以实现自动调节,属于两端游动的支承方式。透盖处采用非接触式的迷宫槽密封。

往下看蜗杆轴承部件。其右端采用一对角接触球轴承,承受双向轴向力,也能承受径向力,且构成固定端。左端采用深沟球轴承,且为游动端。这种结构适合于轴承跨距较大、工作温度较高的场合。轴承透盖处采用组合式密封。

最后看两种小圆锥齿轮轴承部件,它们都采用圆锥滚子轴承、套杯和凸缘式轴承盖。左边部件的轴承为正安装,右边部件的轴承为反安装。套杯内外两组垫片可分别用来调整齿轮的啮合位置和轴承的间隙。分析两种结构,我们可以发现反安装的轴承压力中心的距离较大,悬臂较短,支承刚性较好。

第九柜　轴的分析与设计

轴是组成机器的主要零件之一,一切做回转运动的转动零件,都必须安装在轴上才能进行运动及动力传递。

轴的种类较多,这里展示有常见的光轴、阶梯轴、空心轴、曲轴及钢丝软轴。直轴按承受载荷性质的不同,可分为心轴、转轴和传动轴。心轴只承受弯矩,转轴既承受弯矩又承受扭矩,传动轴则主要承受扭矩。

设计轴的结构时,必须考虑轴上零件定位,这里介绍常用的定位方法。左起第一个模型,轴上齿轮靠轴肩轴向定位,用套筒压紧;滚动轴承靠套筒定位,用圆螺母压紧。齿轮用键做周向定位。

第二个模型,轴上零件用紧定螺钉定位和固定,适用于轴向力不大之处。

第三个模型,轴上零件利用弹性挡圈定位,同样只适用于轴向力不大之处。

第四个模型,轴上零件利用圆锥形轴端定位,用螺母压板压紧,这种方法只适用于轴端零件的固定。

下面我们看轴的结构设计。轴的结构设计是指定出轴的合理外形和全部结构尺寸。这里以圆柱齿轮减速器中的输出轴的结构设计为例,介绍轴的结构设计过程。

左起第一个模型表示设计的第一步。这一步要确定齿轮、箱体内壁、轴承、联轴器等的相对位置,并根据轴所传递的转矩,按扭转强度初步计算出轴的直径,此轴径可作为安装联轴器处的最小直径。

再看第二个模型,它表示设计的第二步,设计内容为确定各轴段的直径和长度。设计时以最小直径为基础,逐步确定安装轴承、齿轮处的轴段直径。各轴段的长度根据轴上零件宽度及相互位置确定。经过这一步,阶梯轴初具形态。

往右看第三个模型,它表示设计的第三步,设计内容为解决轴上零件的固定,确定轴的全部结构形状和尺寸。从模型可见,齿轮靠轴环的轴肩做轴向定位,用套筒压紧。齿轮用键周向定位。联轴器处设计出定位轴肩,采用轴端压板紧固,用键周向定位。各定位轴肩的高度根据结构需要确定,尤其要注意滚动轴承处的定位轴肩,其高度不应超过轴承内圈,以便于轴承拆卸。为减少轴在剖面突变处的应力集中,应设计有过渡圆角。过渡圆角半径必须小于与之相配的零件的倒角尺寸或圆角半径,以使零件得到可靠的定位。为便于安装,轴端应设计倒角。轴上的两个键槽应设计在同一直线上,便于加工。

对于不同的装配方案,可以得出不同的轴的结构形式。最右边的模型,就是另一种设计结果。请大家自己观察分析其结构特点。

第十柜　联轴器与离合器

联轴器和离合器都是用来连接轴与轴,以传递运动与转矩的常用部件。我们先看联轴器。联轴器根据对两轴间各种相对位移有无补偿能力,可划分为刚性联轴器与弹性联轴器两大类。现在运转着的是刚性联轴器中的凸缘联轴器。凸缘联轴器是把两个带有凸缘的半联轴器用键分别与两轴连接,然后用螺栓把两个半联轴器连成一体,便可传递运动和转矩。由于凸缘联轴器属固定式刚性联轴器,对所连两轴间的相对位移缺乏补偿能力,故对两轴对中性的要求很高。

除凸缘联轴器外,这里还陈列有十字滑块联轴器、齿式联轴器和十字轴式万向联轴器,这些联轴器的共同点是具有可移性,能补偿两轴间的偏移,属于无弹性元件的挠性联轴器。

再看有弹性元件的挠性联轴器。这里展示有弹性套柱销联轴器、弹性柱销联轴器、轮胎式联轴器和梅花形弹性联轴器。它们的共同点是均装有弹性元件,不仅能缓冲减振,而且具有一定的补偿两轴偏移的能力。

上述各种联轴器已标准化或规格化,设计时可根据机器的工作特点及要求,结合各种联轴器的性能选择合适的类型和型号。

最后请看离合器。离合器与联轴器的区别在于它能在机器运转时将传动系统随时分离或接合。这里陈列有常用的几种离合器。左起第一个模型为牙嵌离合器,它由两个半离合器组成,其中一个固定在主动轴上,另一个用导键或花键与从动轴连接,并可由操纵机构使其做轴向移动,以实现离合器的分离与接合。这种离合器一般用于转矩不大,低速接合处。

左起第二个为单盘摩擦离合器,第三个为多盘摩擦离合器。这两种离合器是在主动摩擦盘转动时,由主、从动盘的接触面间产生的摩擦力矩来传递转矩的。与牙嵌离合器相比,摩擦离合器不论在任何速度都可以离合,接合过程平稳,冲击振动较小,过载时可以打滑,但其外廓尺寸较大,摩擦的发热量较大,磨损也较大。

最右边的是滚柱式定向离合器,属特殊功能的离合器类型。它由爪轮、套筒、滚柱、弹簧顶杆等组成。当爪轮为主动轮并顺时针回转时,离合器进入接合状态。但当爪轮反向回转时,离合器即处于分离状态,因而只能传递单向的转矩。如果套筒随爪轮旋转的同时又另外获得旋向相同但转速较大的运动时,离合器将处于分离状态,即从动件的角速度超过主动件时不能带动主动件回转,所以又称其为超越离合器。

同学们,机械设计陈列柜的全部内容到此参观完毕,谢谢大家的合作。

8.1.4　思考题

(1) 什么是通用零件? 什么是专用零件? 试各举一个实例。

(2) 螺纹的类型有哪些? 各用在何处?

(3) 螺栓、螺钉和双头螺柱在应用上有何不同?

（4）可拆连接和不可拆连接的主要类型有哪些?

（5）试举带传动、链传动、联轴器和离合器应用实例各一个。

（6）轴按承载情况可分为哪几种?

（7）轴承根据工作时的摩擦性质可分为哪几种?

8.2　通用零部件和常用传动的认知实验报告

实验名称	通用零部件和常用传动的认知				
学生姓名		学　号		任课教师	
实验日期		成　绩		实验教师	

8.2.1　实验目的

222
22222
22222

222

8.2.2　思考题回答

8.2.3　心得和体会

第 9 章　螺栓组连接实验

9.1　螺栓组连接实验指导

9.1.1　实验目的

（1）测试螺栓组连接在倾覆力矩作用下的载荷分布。

（2）深化课程学习中对螺栓组连接受力分析的认识。

（3）初步掌握电阻应变仪的工作原理和使用方法。

9.1.2　实验设备及工作原理

螺栓组连接实验台主要由螺栓组连接、加载装置及测试仪器三部分组成。如图 9－1 所示的螺栓组连接是由 10 个均布排列为两列的螺栓将支架 13 和机座 11 连接起来而构成。加载装置是由具有 1:75 放大比的两级杠杆 14 和 15 组成，砝码力 G 经过杠杆比增大而作用在支架悬臂端上的载荷为 Q。因此，螺栓组连接受到横向载荷 Q 和倾覆力矩 M 的作用，即

$$Q = 75G + G_0 \quad （\text{N}）$$

$$M = Ql \quad （\text{N} \cdot \text{mm}）$$

式中　G——加载砝码重力（N）；

　　　G_0——杠杆系统自重折算的砝码力，取 700N；

　　　l——力臂长，取 214mm。

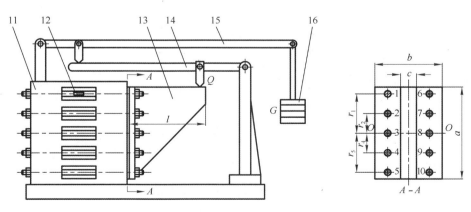

图 9－1　螺栓组连接实验台结构简图

1~10—试验螺栓；11—机座；12—电阻应变片；13—支架；

14—第一杠杆；15—第二杠杆；16—砝码

由于 Q 和 M 的联合作用，各个螺栓所受轴向力不同，它们的轴向变形也就不同。在各个螺栓中

段测试部位的任一侧贴一片电阻应变片 12,如图 9 – 2 所示,或在对称的两侧各贴一片电阻应变片,以便消除螺栓偏心受力的影响。各个螺栓的受力可通过贴在其上的电阻应变片的变形,用电阻应变仪测得。电阻应变仪是通过载波电桥将机械量转换成电量实现测量的,如图 9 – 3 所示,将贴在螺栓上的电阻应变片 1 作为电桥一个桥臂,温度补偿应变片 2 作为另一桥臂。螺栓不受力时,使电桥呈现平衡状态。当螺栓受力发生变形后,应变片电阻值发生变化,电桥失去平衡,输出一个电压信号,经放大、检波等环节,便可在刻度盘上直接读出应变值。经过适当的计算就可得到各螺栓的受力大小。

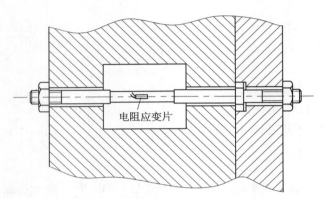

图 9 – 2　螺栓安装及电阻应变片贴片位置

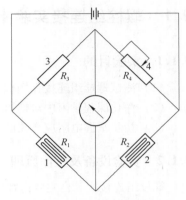

图 9 – 3　电桥工作原理

本实验是针对不允许连接接合面分开的情况。螺栓预紧时,连接在预紧力的作用下,接合面间产生挤压应力。当加载 G 后,支架 13 在倾覆力矩 M 的作用下,有绕其对称轴线 O – O 翻转的趋势,使连接的上部挤压应力减小,下部挤压应力增大。为保证连接的最上端处不出现间隙,应满足以下条件

$$\sigma_{pmin} = \frac{zF_{预}}{A} - \frac{M}{W} \geq 0 \qquad (9-1)$$

式中　$F_{预}$——单个螺栓预紧力(N);

　　　z——螺栓个数,取 $z = 10$;

　　　A——接合面的有效面积(mm^2),$A = a(b - c)$;

　　　M——倾覆力矩(N·mm),$M = Ql$;

　　　W——接合面的有效抗弯截面系数(mm^3),$W = \dfrac{a^2(b-c)}{6}$。

由式(9 – 1)化简得

$$F_{预} \geq \frac{6Ql}{za}$$

为保证一定的安全性,取防滑系数 $K_s = 1.1 \sim 1.3$,则螺栓的预紧力为

$$F_{预} \geq K_s \frac{6Ql}{za} = (1.1 \sim 1.3)\frac{6Ql}{za} \qquad (9-2)$$

螺栓工作拉力可根据支架静力平衡条件求得,由平衡条件可得

$$M = Ql = F_1 r_1 + F_2 r_2 + \cdots + F_{10} r_{10} \qquad (9-3)$$

式中　F_1、F_2、$\cdots$、F_{10}——各螺栓所受的工作力(N);

　　　r_1、r_2、$\cdots$、r_{10}——各螺栓中心到翻转轴线 O – O 的距离。

根据螺栓变形协调条件有

$$\frac{F_1}{r_1} = \frac{F_2}{r_2} = \cdots = \frac{F_{10}}{r_{10}} \tag{9-4}$$

由式(9-3)和式(9-4)可得任一螺栓的工作力为

$$F_i = \frac{Qlr_i}{r_1^2 + r_2^2 + \cdots + r_{10}^2} \tag{9-5}$$

在翻转轴线 O - O 以上, F_i 使螺栓被进一步拉伸,轴向拉力增大;而在翻转轴线 O - O 以下,螺栓被放松,预紧力减小。在翻转轴线 O - O 以上的螺栓总拉力为

$$F_总 = F_预 + \frac{C_b}{C_b + C_m} F_i$$

或螺栓的工作力为

$$F_i = (F_总 - F_预) \frac{C_b + C_m}{C_b} \tag{9-6}$$

在翻转轴线 O - O 以下的螺栓总拉力为

$$F_总 = F_预 - \frac{C_b}{C_b + C_m} F_i$$

或螺栓的工作力为

$$F_i = -(F_总 - F_预) \frac{C_b + C_m}{C_b} \tag{9-7}$$

式中　$\dfrac{C_b}{C_b + C_m}$——螺栓相对刚度系数,它的大小与螺栓及被连接件的材料、尺寸和结构有关,其值见表 9-1。

表 9-1　螺栓相对刚度系数值

垫片材料	$\dfrac{C_b}{C_b + C_m}$
金属垫片(或无垫片)	0.2~0.3
皮革垫片	0.7
铜皮石棉垫片	0.8
橡胶垫片	0.9

实验台的 10 个连接螺栓的尺寸和材料完全相同,根据胡克定律 $\varepsilon = \sigma/E$ 可知,当螺栓预紧应变量为 ε' 时,有

$$\varepsilon' = \frac{\sigma'}{E} = \frac{4F_预}{E\pi d^2} \tag{9-8}$$

或螺栓的预紧力为

$$F_预 = \frac{E\pi d^2}{4} \varepsilon' = k\varepsilon' \tag{9-9}$$

设保证螺栓连接的最上端处不出现间隙的螺栓总应变量为

$$\varepsilon_0 = \frac{\sigma_0}{E} = \frac{4F_总}{E\pi d^2} \tag{9-10}$$

或螺栓总拉力为

$$F_{总} = \frac{\pi d^2}{4} E \varepsilon_0 = k \varepsilon_0 \qquad (9-11)$$

式中　E——螺栓的弹性模量,对于钢,$E = 2.10 \times 10^5 \mathrm{MPa}$;

　　　　d——螺栓直径(贴电阻应变片处直径)(mm)。

$k = \frac{\pi d^2}{4} E$,当 $d = 6\mathrm{mm}$ 的钢制螺栓时,取 $k = 59.38 \times 10^5 \mathrm{N}$;当 $d = 6.5\mathrm{mm}$ 的钢制螺栓时,取 $k = 69.68 \times 10^5 \mathrm{N}$;当 $d = 10\mathrm{mm}$ 的钢制螺栓时,取 $k = 164.93 \times 10^5 \mathrm{N}$。

将式(9-9)和式(9-11)代入式(9-6)和式(9-7)中,得到实测的位于 O-O 轴线以上的螺栓工作力为

$$F_i = k \frac{C_b + C_m}{C_b} (\varepsilon_0 - \varepsilon') \qquad (9-12)$$

位于 O-O 轴线以下的螺栓工作力为

$$F_i = -k \frac{C_b + C_m}{C_b} (\varepsilon_0 - \varepsilon') \qquad (9-13)$$

因此,在测出 ε_0、ε' 值后,利用式(9-12)和式(9-13)就可计算得出 F_i,并可与理论计算值进行比较。此外,由式(9-12)可得

$$\frac{C_b}{C_b + C_m} = \frac{k}{F_i} (\varepsilon_0 - \varepsilon') \qquad (9-14)$$

利用式(9-5)将计算所得的 F_1 或 F_6(危险螺栓的工作拉力)代入上式可求得螺栓的相对刚度系数 $\frac{C_b}{C_b + C_m}$ 值,可与表9-1 给定的值进行分析比较。

9.1.3　实验步骤

(1)　先由式(9-2)计算出每个螺栓所需的预紧力 $F_{预}$,并由式(9-8)计算出螺栓预紧应变量 ε'。

(2)　检查实验台各部分以及仪器是否正常,将测量电阻应变片及温度补偿电阻应变片按规定接入电路中,并检查电阻应变仪各部接线是否正确。

(3)　在支架不受外载荷 Q 的情况下,先平衡测量的电桥,并将应变仪指针调至"零"位。

(4)　逐个均匀地拧紧各螺栓,使每个螺栓都具有相同的预紧应变量 ε'。

(5)　对螺栓组连接进行加载(加载大小由指导教师规定),在应变仪上读出每个螺栓的应变量 ε_0。为保证准确,一般应进行三次测量并取平均值。

(6)　实验结束后,逐步卸载,并去除预紧。

(7)　整理实验数据,按式(9-14)求得螺栓相对刚度系数 $\frac{C_b}{C_b + C_m}$ 的值,并与表9-1 中的值进行分析比较;按式(9-12)和式(9-13)算得实测的螺栓工作拉力 F_i,并按式(9-5)算得理论值,两者进行比较;绘制实测的螺栓工作拉力分布图,确定翻转轴线的位置,并进行分析讨论,完成实验报告。

9.1.4　思考题

(1)　由实验测得的螺栓工作受力分布规律,若翻转轴线不在 O-O 轴线上,说明什么问题。

(2)　实验计算所得的相对刚度系数值与表9-1 所列值有何差别? 原因有哪些?

(3)　为什么螺栓组连接的接触面大多具有对称性,而且连接螺栓的结构和尺寸完全相同? 这有何优点?

9.2　螺栓组连接实验报告

实验名称		螺栓组连接实验			
学生姓名		学　号		任课教师	
实验日期		成　绩		实验教师	

9.2.1　实验目的

9.2.2　原始数据

杠杆系统自重折算的砝码力 $G_0(\text{N})$	砝码力 $G(\text{N})$	螺栓直径 $d(\text{mm})$	螺栓材料

连接倾覆力矩 $M(\text{N}\cdot\text{m})$	连接横向力 $Q(\text{N})$	接触面尺寸(mm)		
		$a =$	$b =$	$c =$

9.2.3　实验数据记录与处理结果

1）计算法确定螺栓上的力

螺栓编号 项　目	1	2	3	4	5	6	7	8	9	10
螺栓预紧力 $F_{预}$										
螺栓预紧应变量 ε'										
由倾覆力矩 M 引起的螺栓工作力 F_i										

2）实验法测定螺栓上的力

项　目	螺栓编号	1	2	3	4	5	6	7	8	9	10
螺栓总应变量 ε_0	第一次测量										
	第二次测量										
	第三次测量										
	平均读数										
由换算得出的螺栓工作力 F_i											

3）在图 9 - 4 中，绘制螺栓工作拉力分布图

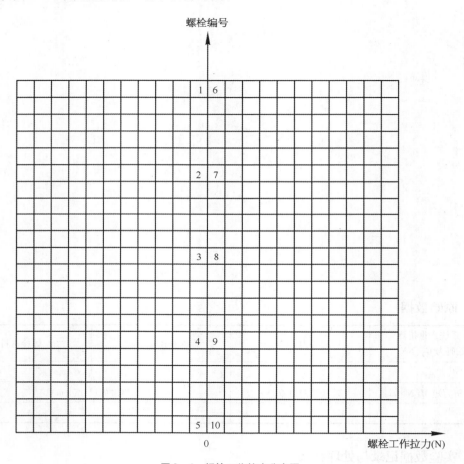

图 9 - 4　螺栓工作拉力分布图

9.2.4　螺栓的相对刚度系数 $\dfrac{C_b}{C_b + C_m}$ 值的计算

9.2.5　思考题回答

9.2.6　心得和体会

第 10 章　带传动的滑动和效率测定实验

10.1　带传动的滑动和效率测定实验指导

10.1.1　实验目的

（1）了解带传动实验台结构及工作原理。

（2）掌握转矩、转速的基本测量方法。

（3）观察带传动中的弹性滑动和打滑现象以及它们与带传递的载荷之间的关系。

（4）测出带传动的滑动率和传动效率，绘制带传动的滑动率曲线和效率曲线，并分析两曲线之间的关系。

10.1.2　实验设备及工作原理

PC－B 型带传动实验台的外观如图 10－1 所示。

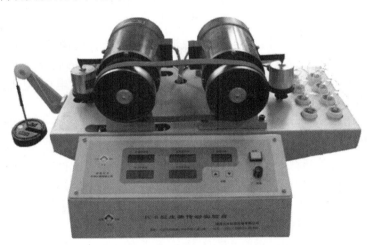

图 10－1　PC－B 型带传动实验台

PC－B 型带传动实验台的主要技术参数为

平带截面尺寸：$\delta \times b = 2\text{mm} \times 20\text{mm}$（$\delta$ 为带厚，b 为带宽）

电动机额定功率：355W

电动机调速范围：50～1 500r/min

发电机额定功率：355W

带的初拉力值：20～35N

杠杆测力臂长度：$L_1 = L_2 = 120\text{mm}$（L_1、L_2 分别为电动机、发电机中心至传感器中心的距离）

带轮直径:$D_1 = D_2 = 120\text{mm}$(传动比 $i = 1$)

灯泡额定功率:$8 \times 40\text{W}$,共320W

带张紧方式:自动张紧

PC－B型带传动实验台由机械部分和电路控制两部分组成。机械部分的结构原理如图10－2所示。实验传动系统由传动带14、一个装有主动轮的直流伺服电动机组件13和另一个装有从动轮的直流伺服发电机组件15构成。

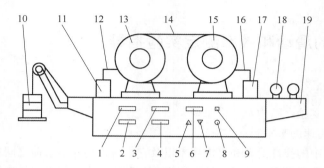

图 10－2　PC－B 型带传动实验台原理图

1—电动机转矩显示数码管;2—电动机转速显示数码管;3—发电机转矩显示数码管;
4—发电机转速显示数码管;5—加载按钮;6—载荷显示数码管;7—减载按钮;
8—调速旋钮;9—电源开关;10—砝码架和砝码;11—电动机测矩传感器;
12、16—测力杆;13—直流电动机(主动轮);14—传动带;
15—直流发电机(从动轮);17—发电机测矩传感器;
18—灯泡负载;19—机座

主动轮电机13为特制两端带滚动轴承座的直流伺服电动机,滚动轴承座固定在一个滑动的底板上,电机外壳(定子)未固定可相对其两端滚动轴承座转动。滑动的底板能相对机座19沿水平方向移动。从动轮电机15也为特制两端带滚动轴承座的直流伺服发电机,电机外壳(定子)未固定可相对其两端滚动轴承座转动,轴承座固定在机座19上。

砝码架和砝码10与滑动底板通过钢丝绳和定滑轮相连,改变砝码的大小,即可准确地预定带传动的初拉力。

直流发电机15和灯泡负载18以及实验台内的电子加载电路组成实验台加载系统,该加载系统可用面板上触摸按钮5、7进行手动控制,其载荷值由载荷显示数码管6显示。

可转动的两电机的外壳上都装有测力杆12、16,把电机外壳转动时产生的转矩力传递给传感器。主、从动轮转矩力可直接在面板上各自的数码管上显示。

两电机后端装有光电测速装置和测速转盘,测速方式为红外线光电测速;主、从动轮转速可直接在面板上各自的数码管上显示。

PC－B型带传动实验台电路控制由以下三个部分组成:

(1) 电机调速部分。该部分采用专用的由脉宽调制(PWM)原理设计的直流电机调速电源,通过调节面板上的调速旋钮对电动机进行调速。

(2) 仪器控制直流电源及传感器放大电路部分。该电路板由直流电源及传感器放大电路组成。直流电源主要向显示控制板和四组传感器放大电路供电,传感器放大电路则将四个传感器的测量信号放大到规定幅度供显示控制板采样测量。

(3) 显示测量控制部分。该部分由单片机、A/D 转换、加载控制电路和 RS－232 接口组成。

A/D 转换控制电路负责转速测量和四路传感器信号采样,采集的各参数除送面板进行显示外,可经由 RS‑232 接口送上位机(电脑)进行数据分析处理。加载控制电路主要用于计算机对负荷灯泡组加载,也可通过面板上的触摸按钮对灯泡组进行手工加载和卸载。

10.1.3　实验数据的计算

1)滑动率 ε 的计算

$$\varepsilon = \frac{v_1 - v_2}{v_1} \times 100\% = \frac{D_1 n_1 - D_2 n_2}{D_1 n_1} \times 100\% \qquad (10-1)$$

式中　v_1、v_2——主、从动轮的圆周速度;

　　n_1、n_2——主、从动轮的转速。

由于本实验台的带轮直径 $D_1 = D_2$,故上式可表示为

$$\varepsilon = \frac{n_1 - n_2}{n_1} \times 100\% \qquad (10-2)$$

在实验中可求出在不同载荷 T_2 时的滑动率 ε。以 T_2 为横坐标、ε 为纵坐标所做出的两者之间的关系曲线称为滑动率曲线,如图 10‑3 所示。该曲线可分为弹性滑动区和打滑区。在弹性滑动区,带传动处于正常工作状态,曲线为近似线性关系,随着载荷的增加,滑动率逐渐增加;在打滑区,曲线表现为急剧变化,两者连接处的切点即为临界点 A_0,该点所对应的横坐标为带传动在不打滑情况下所能传递的最大有效载荷。

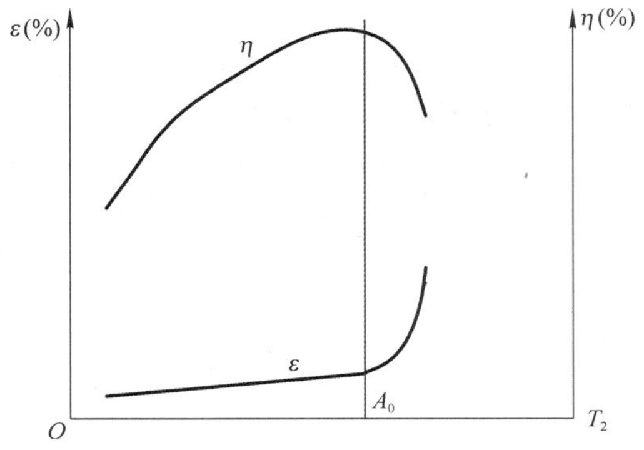

2)传动效率 η 的计算

$$\eta = \frac{P_2}{P_1} = \frac{T_2 n_2}{T_1 n_1} \times 100\% \qquad (10-3)$$

式中　P_1、P_2——输入、输出功率;

　　T_1、T_2——输入、输出转矩;

　　n_1、n_2——主、从动轮的转速。

图 10‑3　带传动滑动率及传动效率曲线

以 T_2 为横坐标、η 为纵坐标所做出的两者之间的关系曲线称为传动效率曲线。在图 10‑3 弹性滑动区中,传动效率 η 随载荷 T_2 的增加而上升,到了临界点 A_0,效率处于最大值。

10.1.4　实验步骤

(1)接通电源前,先将实验台的电源开关 9 置于"关"的位置。

(2)将传动带套到主动轮和从动轮上,轻轻向左拉移电动机,并在预紧装置的砝码盘上加 3kg 的砝码,将传动带张紧。

(3)检查控制面板上的调速旋钮 8,应将其逆时针旋转到底,即置于电动机转速为零的位置。

(4)接通实验台电源(单相 220V),打开电源开关,将载荷显示数码管 6 调整为零。

(5)顺时针方向缓慢旋转调速旋钮,使电动机转速由低到高,直到电动机的转速显示为 $n_1 \approx$ 800r/min 为止(同时发电机转速显示数码管显示出 n_2),此时,转矩显示数码管 1、3 也同时显示出两电机的工作转矩 T_1、T_2。记录这时的测试结果 n_1、n_2 和 T_1、T_2。

（6）按加载按钮 3 次,使载荷显示数码管显示为 30(N),待运转稳定后,再测试记录该工况下的 n_1、n_2 和 T_1、T_2。

（7）再增加 30(N)载荷,待运转稳定后,记录该工况下的 n_1、n_2 和 T_1、T_2。

（8）继续逐级增加载荷,重复上述实验,直到载荷为 210(N)为止 [当($n_1 - n_2$)≥30r/min 或 ε≥3% 时,带传动已进入打滑状态],测得的数据应不少于 8 点。

（9）卸去载荷,将电动机转速调为零。按上述步骤(5)～(8)重复再做一次,实验数据取两次的平均值。

（10）改变初拉力(或主动轮转速),重复上述步骤,做出另一组实验数据。

（11）实验结束后,先卸载,再将调速旋钮逆时针方向旋转到底,关掉电源开关,然后切断电源,取下带的预紧砝码。

（12）整理实验数据,计算滑动率 ε、传动效率 η,绘制 $T_2 - \varepsilon$ 滑动率曲线和 $T_2 - \eta$ 传动效率曲线,完成实验报告。

10.1.5　思考题

（1）带传动的弹性滑动和打滑是如何发生的? 在实验中你是怎样观察到这两种现象的出现?

（2）外载荷对传动效率有何影响?

（3）根据所做的滑动率曲线 $T_2 - \varepsilon$,可得出什么结论?

（4）影响带传动能力的因素有哪些?

10.2　带传动的滑动和效率测定实验报告

实验名称	带传动的滑动和效率测定				
学生姓名		学　号		任课教师	
实验日期		成　绩		实验教师	

10.2.1　实验目的

10.2.2　原始数据

带轮直径 D_1(mm)	带轮直径 D_2(mm)	传动中心距 a(mm)	带的截面积 A(mm^2)

10.2.3　实验数据记录与处理结果

1）第一组、第一次记录数据

张紧力 $2F_0$ =				(N)		
工作载荷 F(N)						
主动轮转速 n_1(r/min)						
从动轮转速 n_2(r/min)						
主动轮转矩 T_1(N·m)						
从动轮转矩 T_2(N·m)						

2）第一组、第二次记录数据

张紧力 $2F_0$ =				(N)		
工作载荷 F(N)						
主动轮转速 n_1(r/min)						
从动轮转速 n_2(r/min)						
主动轮转矩 T_1(N·m)						
从动轮转矩 T_2(N·m)						

3) 第一组记录数据的平均值及处理结果

张紧力 $2F_0$ =			(N)				
工作载荷 F(N)							
主动轮转速 n_1(r/min)							
从动轮转速 n_2(r/min)							
主动轮转矩 T_1(N·m)							
从动轮转矩 T_2(N·m)							
滑动率 ε(%)							
传动效率 η(%)							

4) 第二组、第一次记录数据

张紧力 $2F_0$ =			(N)				
工作载荷 F(N)							
主动轮转速 n_1(r/min)							
从动轮转速 n_2(r/min)							
主动轮转矩 T_1(N·m)							
从动轮转矩 T_2(N·m)							

5) 第二组、第二次记录数据

张紧力 $2F_0$ =			(N)				
工作载荷 F(N)							
主动轮转速 n_1(r/min)							
从动轮转速 n_2(r/min)							
主动轮转矩 T_1(N·m)							
从动轮转矩 T_2(N·m)							

6) 第二组记录数据的平均值及处理结果

张紧力 $2F_0$ =			(N)				
工作载荷 F(N)							
主动轮转速 n_1(r/min)							
从动轮转速 n_2(r/min)							
主动轮转矩 T_1(N·m)							
从动轮转矩 T_2(N·m)							
滑动率 ε(%)							
传动效率 η(%)							

10.2.4　绘制带传动滑动率曲线及传动效率曲线

图 10 - 4　滑动率曲线及传动效率曲线

10.2.5　思考题回答

10.2.6　心得和体会

第11章 机械传动性能综合测试实验

11.1 机械传动性能综合测试实验指导

11.1.1 实验目的

（1）本实验通过对常见机械传动，如带传动、链传动、齿轮传动及蜗杆传动等机械装置的测试，以及对传递运动和动力过程中的机械参数曲线，如速度曲线、转矩曲线、传动比曲线、功率曲线及效率曲线等的分析，加深对常见机械传动性能的认识和理解。

（2）通过对常见的机械传动装置组合而成的不同传动系统的参数曲线的测试，初步理解机械传动合理布置的基本原理和要求。

（3）通过实验了解智能化机械传动性能综合测试实验台的工作原理，掌握一些计算机辅助实验和测试的新方法，培养进行设计性实验与创新性实验的能力。

11.1.2 实验设备

机械传动性能综合测试实验台采用模块化结构，其外观如图11-1所示，由不同种类的机械传动装置、联轴器、变频电机、加载装置和工控机等模块组成。学生可根据选择或设计的实验类型、实验方案及实验内容，进行传动系统的组织、安装、调试及测试，完成综合性、设计性或创新性实验。

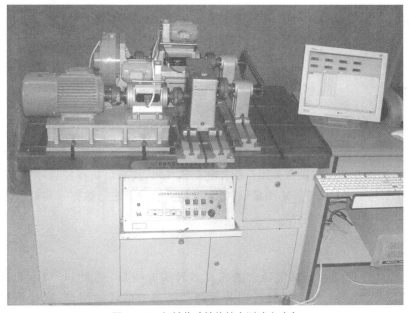

图11-1　机械传动性能综合测试实验台

　　机械传动性能综合测试实验台各机械部件的结构布局如图 11 - 2 所示,各组成部件的主要技术参数见表 11 - 1。

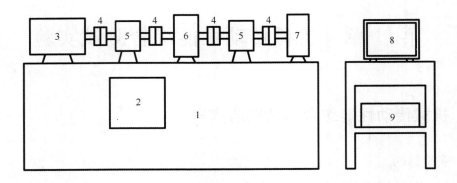

图 11 - 2　机械传动性能综合测试实验台的结构布局

1—机架;2—电器控制柜;3—变频调速电机;4—联轴器;
5—转矩转速传感器;6—试件;7—加载装置;8—显示屏;9—工控机

表 11 - 1　实验台组成部件的主要技术参数

序号	组　成　部　件	技　术　参　数	备　　注
1	变频调速电机	550W	
2	ZJ 型转矩转速传感器	规格 10N·m;输出信号幅度≥100mV 规格 50N·m;输出信号幅度≥100mV	
3	机械传动装置(试件)	直齿圆柱齿轮减速器:$i = 5$ 蜗杆减速器:$i = 10$ V 带传动:O 型 齿形带传动:$p_b = 9.525$,$z_b = 80$ 滚子链传动(08A 型):$z_1 = 17$,$z_2 = 25$	1 台 WPA50 - 1/10 3 根 1 根 3 根
4	磁粉制动器	额定转矩:50N·m;励磁电流:2A 允许滑差功率:1.1kW	
5	工控机		

　　机械传动性能综合测试实验台采用自动控制测试技术,所有电机程控启停,转速程控调节,负载程控调节,用转矩测量卡代替转矩测量仪,整台设备能够自动进行数据采集处理,自动输出实验结果,其工作原理如图 11 - 3 所示。

11.1.3　实验原理

　　使用机械传动性能综合测试实验台能完成多种实验项目,见表 11 - 2。无论选择哪类实验,其基本内容都是通过对某种机械传动装置的性能参数曲线的测试,来分析机械传动的性能特点。

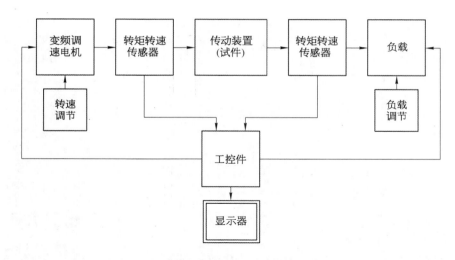

图 11 - 3　机械传动性能综合测试实验台的工作原理

表 11 - 2　机械传动性能综合测试实验台可完成的实验项目

类型编号	实验项目名称	被　测　试　件	备　　　注
A	典型机械传动装置性能测试实验	在带传动、链传动、齿轮传动和蜗杆传动等中选择	
B	组合传动系统布置优化实验	由典型机械传动装置按设计思路组合	部分被测试件由教师提供,或另购拓展性实验设备
C	新型机械传动性能测试实验	新开发研制的机械传动装置	被测试件由教师提供或另购拓展性实验设备

机械传动性能综合测试实验台可自动测试机械传动的性能参数,如转速 $n(\mathrm{r/min})$、转矩 M $(\mathrm{N \cdot m})$、功率 $N(\mathrm{kW})$ 等,并按照以下计算公式自动绘制参数曲线。

传动比
$$i = \frac{n_1}{n_2} \qquad\qquad (11-1)$$

转矩
$$M = 9\,550\,\frac{P}{n} \quad (\mathrm{N \cdot m}) \qquad\qquad (11-2)$$

传动效率
$$\eta = \frac{P_2}{P_1} = \frac{M_2 n_2}{M_1 n_1} \qquad\qquad (11-3)$$

根据测试绘制的参数曲线,如图 11 - 4 所示,可以对被测机械传动装置或传动系统的传动性能进行分析。

11.1.4　实验步骤

1）准备阶段

（1）确定实验类型与实验内容。

选择实验类型编号 A 时,可从 V 带传动、同步带传动、滚子链传动、圆柱齿轮减速器、蜗杆减速

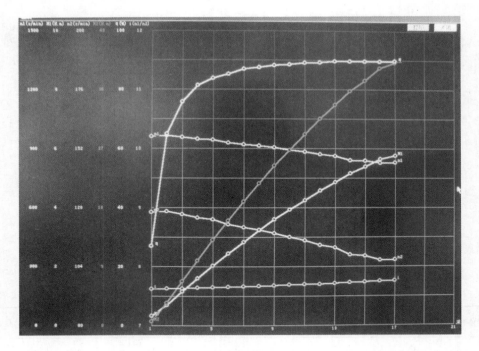

图 11 - 4　参数曲线(示例)

器中选择一种或两种进行传动性能测试实验。

选择实验类型编号 B 时,则要确定选用的典型机械传动装置及其组合布置方案,并进行方案比较实验,见表 11 - 3。

选择实验类型编号 C 时,首先要了解被测机械的功能与结构特点。

表 11 - 3　组合传动系统布置优化实验方案

编　号	组合布置方案 a	组合布置方案 b
实验内容 B_1	V 带传动-齿轮减速器	齿轮减速器-V 带传动
实验内容 B_2	同步带传动-齿轮减速器	齿轮减速器-同步带传动
实验内容 B_3	链传动-齿轮减速器	齿轮减速器-链传动
实验内容 B_4	带传动-蜗轮减速器	蜗轮减速器-带传动
实验内容 B_5	链传动-蜗轮减速器	蜗轮减速器-链传动
实验内容 B_6	V 带传动-链传动	链传动-V 带传动

(2)布置安装被测机械传动装置,注意选用合适的调整垫块,确保传动轴之间的同轴要求。

(3)按要求对测试设备进行调零,以保证测量精度。

2)测试阶段

(1)打开实验台电源总开关和工控机电源开关。

（2）点击 Test 显示测试控制系统主界面或双击桌面的快捷方式图标 ，进入如图 11 - 5 所示的测试控制系统主界面。

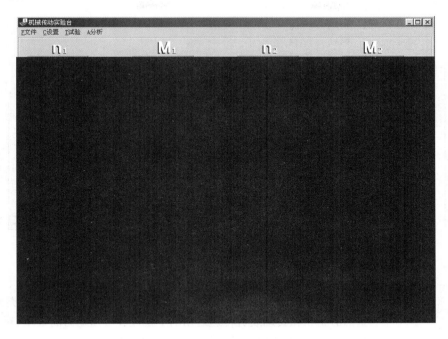

图 11 - 5　测试控制系统主界面

（3）在主界面窗口的左侧键入实验教学信息：实验类型、实验编号、小组编号、实验人员、指导教师、实验日期等，单击"√"表示确认。

（4）启动主电机，进入实验。点击如图 11 - 6 所示的电机转速调节框，使电动机加速至接近同步转速，再点击电机负载调节框逐步加载。加载时要缓慢平稳，否则会影响采样精度或损坏机件。待数据显示稳定后，即可进行数据采样。

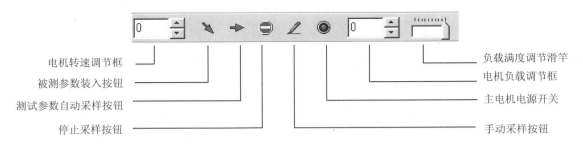

图 11 - 6　电机控制操作面板

（5）分级加载，分级采样，采集数据在 17 组左右即可，如图 11 - 7 所示。

（6）点击如图 11 - 8 所示的"分析"菜单，调看"打印试验表格"和"绘制曲线"，以确认实验结果。

（7）结束测试后，注意先卸载，再减速，最后关闭电动机电源。

（8）整理和打印实验结果，关机。

n1	M1	n2	M2
1422.4	1.81	151.6	8.48
1372.4	2.68	147.4	13.55
1330.4	3.26	143.5	17.34
1234.2	4.21	132.4	23.47
1150.8	4.63	124.5	25.88
1041.6	4.91	116.3	27.22
1000.1	4.98	112.8	27.5
901	5.1	101.7	28.15

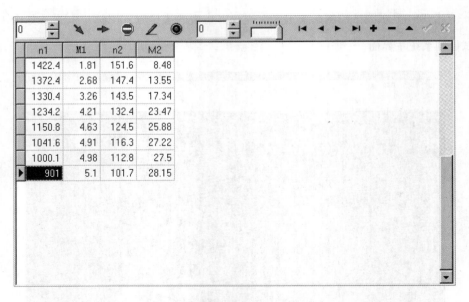

图11-7 测试记录数据库

3）分析阶段

图11-8 “分析”菜单

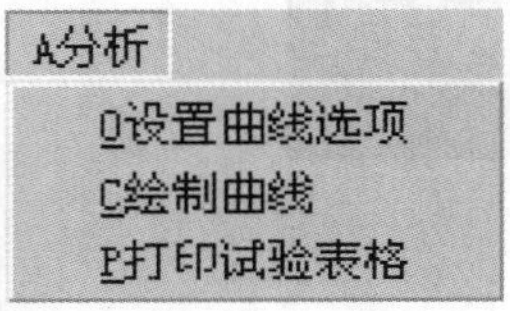

（1）对实验结果进行分析。对于实验类型编号A和实验类型编号C，重点分析机械传动装置传递运动的平稳性和传递动力的效率，对于实验类型编号B，重点分析不同的布置方案对传动性能的影响。

（2）整理实验报告。实验报告的内容包括测试数据表、参数曲线、实验结果分析以及实验中的新发现、新设想、新建议等。

11.1.5 思考题

（1）在由带传动和齿轮传动等组成的组合传动系统中，如何布置比较合理，为什么？

（2）在由链传动和齿轮传动等组成的组合传动系统中，如何布置比较合理，为什么？

11.2　机械传动性能综合测试实验报告

实验名称	机械传动性能综合测试				
学生姓名		学　号		任课教师	
实验日期		成　绩		实验教师	

11.2.1　实验目的

11.2.2　写出所测试的传动系统的构成

11.2.3　实验数据记录表

序号	记 录 值				计 算 值			
	n_1 （r/min）	M_1 （N·m）	n_2 （r/min）	M_2 （N·m）	P_1 （kW）	P_2 （kW）	η （%）	$i\left(\dfrac{n_1}{n_2}\right)$
1								
2								
3								
4								
5								
6								
7								
8								
9								
10								
11								
12								
13								
14								
15								
16								
17								
18								

11.2.4　绘制参数曲线

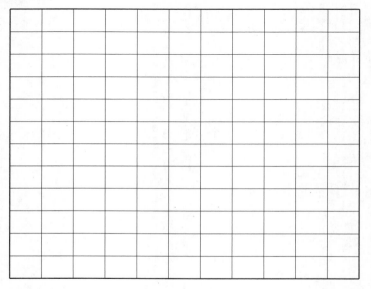

11.2.5　实验结果分析

11.2.6　思考题回答

11.2.7　心得和体会

第 12 章　液体动压润滑径向滑动轴承油膜压力分布和摩擦特性曲线的测定实验

12.1　液体动压润滑径向滑动轴承油膜压力分布和摩擦特性曲线的测定实验指导

12.1.1　实验目的

（1）观察径向滑动轴承液体动压润滑的形成过程和摩擦状态。

（2）测定和绘制径向滑动轴承径向油膜压力分布曲线和轴向油膜压力分布曲线。

（3）了解径向滑动轴承的摩擦系数 f 的测定方法和摩擦特性曲线的绘制方法。

（4）观察载荷和转速改变时油膜压力的变化情况。

12.1.2　实验设备

液体动压润滑径向滑动轴承实验台的外观如图 12 - 1 所示。该设备主要由直流电动机 1,V 带传动 2,外加载荷传感器 3,螺旋加载杆 4,摩擦力传感器 5,径向压力传感器 6(7 只),轴向压力传感器 7(1 只),半轴瓦 8,主轴 9,机座 10 以及控制系统——操控面板 11 等组成。

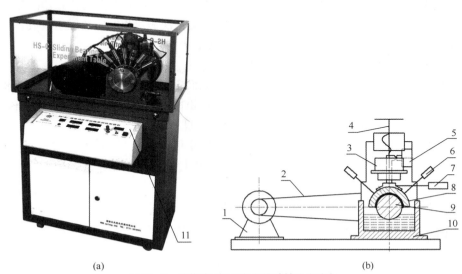

(a)　　　　　　　　　　　　　　　　(b)

图 12 - 1　液体动压润滑径向滑动轴承实验台

（a）实验台外观；（b）实验台主要结构

1—直流电动机；2—V 带传动；3—外加载荷传感器；4—螺旋加载杆；5—摩擦力传感器；

6—径向压力传感器(7 只)；7—轴向压力传感器(1 只)；8—半轴瓦；

9—主轴；10—机座；11—操控面板

实验台操控面板如图12－2所示。

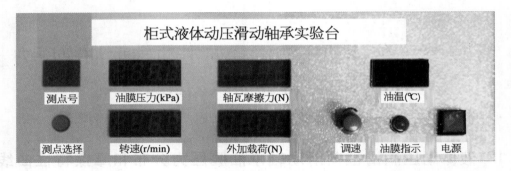

图 12－2　实验台操控面板

"测点号"数码管：显示径向、轴向油膜压力传感器的顺序号，其中1～7号表示7只径向油膜压力传感器序号，8号为轴向油膜压力传感器的序号。

"油膜压力(kPa)"数码管：显示径向、轴向油膜压力传感器采集的实时数据。

"转速(r/min)"数码管：显示主轴光电测速传感器采集的实时数据。

"轴瓦摩擦力(N)"数码管：显示摩擦力传感器采集的实时数据。

"外加载荷(N)"数码管：显示外加载荷传感器采集的实时数据。

"油温(℃)"数码管：显示润滑油油温传感器采集的实时数据。

"调速"旋钮：用于调整主轴的转速。

"油膜指示"灯：用于指示轴瓦与轴颈间的油膜状态。无油膜时，油膜指示灯亮；正常工作时，油膜指示灯灭。如果轴瓦和轴之间无油膜，则很可能烧坏轴瓦。

"电源"开关：此按钮为带自锁的电源按钮。

"测点选择"按钮：按此按钮，在"测点号"数码管中就会依次显示各压力传感器的序号，同时在"油膜压力(kPa)"数码管、"轴瓦摩擦力(N)"数码管中会依次显示相对应的采集数值。

液体动压润滑径向滑动轴承实验台的主要技术参数为：

直流电动机：功率355W，调速范围800～1 500r/min；

实验轴瓦：内径 $D = 60$mm，有效宽度 $B = 110$mm，表面粗糙度 $R_a = 1.6\mu$m，材料 ZCuSn5Pb5Zn5；

主轴：直径 $d = 60$mm，材料45号钢，表面淬火，表面粗糙度 $R_a = 0.8\mu$m，调速范围3～375r/min；

外加载荷传感器：型号 BHR－4，量程0～2 000N，精度0.03%；

摩擦力传感器：型号 BLR－12C，量程0～50N，精度0.03%；

压力传感器：型号 ZQ－Y4，量程0～0.6MPa，精度0.1%；

温度传感器：量程 －40～85℃，精度0.5%；

测力点距轴承中心距离(摩擦力力臂)：$L = 120$mm。

12.1.3　实验原理

在图12－1所示的径向滑动轴承实验台中，主轴由两个高度精密的单列深沟球轴承支承，其上方装有精密加工制造的半轴瓦，直流电动机和主轴之间用 V 带进行传动。主轴工作时顺时针转动，由装在机座下方的柜式箱体内的调速器实现主轴的无级变速，其转速大小由装在操纵面板上的"转速(r/min)"数码管直接显示。半轴瓦的外圆上方有加载装置，通过螺旋加载杆即可对轴瓦加载，加载大小由外加载荷传感器通过操纵面板上的"外加载荷(N)"数码管直接显示。半轴瓦上装有测力杆,通过测力杆装置可由摩擦力传感器读出摩擦力值,并在操纵面板上的"轴瓦摩擦力(N)"数码管上显示。

1) 油膜形成(摩擦状态)指示装置

在图 12-2 所示的实验台操控面板上,设有一个"油膜指示"灯,其电路原理如图 12-3 所示。指示灯通过半轴和半轴瓦连成一个回路,当主轴不转动时,主轴和半轴瓦直接接触,"油膜指示"灯电路接通,指示灯很亮;当主轴低速转动时,润滑油进入主轴和半轴瓦之间形成很薄的油膜,主轴和半轴瓦之间部分微观不平度的凸峰部分仍在接触,故指示灯忽亮忽暗;当主轴达到一定转速时,主轴和半轴瓦之间形成的压力油膜厚度完全遮盖了两表面之间的微观不平度高峰,油膜完全将主轴和半轴瓦隔开,指示灯熄灭。根据油膜指示灯的接通状况,可以观察液体动压润滑的形成过程和摩擦状态。

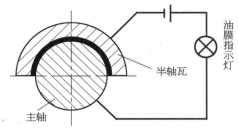

图 12-3　油膜指示灯电路原理图

2) 动压油膜压力的测量

为了测量主轴与轴瓦之间润滑油膜的压力,在轴瓦宽度方向 1/2 处横截面上,以中间对称均匀钻有 7 个小孔,每个小孔沿圆周相隔 20°,每个小孔连接一个压力传感器,如图 12-4 所示的 A1 ~ A7,用以测量该截面内相应点油膜压力,由此可绘制出径向油膜压力分布曲线。在轴瓦宽度方向 1/4 处横截面上的半圆周中间沿径向钻 1 个小孔,用以连接压力传感器 A8。由于轴承的轴向油膜压力分布呈对称抛物线规律,故沿轴承宽度方向 1/4 和 3/4 处的油膜压力相同(同为传感器 A8 的示值),且沿轴线轴承两端因泄漏油膜压力应为零。根据上述 4 点的示值以及位于中间截面上中间传感器 A4 的示值,即可绘制出轴向油膜压力分布曲线。

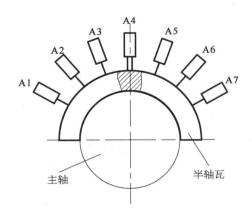

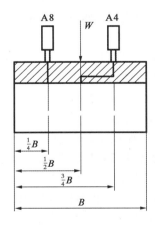

图 12-4　压力传感器表分布

3) 摩擦系数 f 的测定

摩擦系数 f 值可通过测量轴承的摩擦力矩而得到。当主轴转动时,轴对轴承产生周向摩擦力 F,如图 12-5 所示,其摩擦力矩 $T = F \times d/2$。由于轴承是悬浮式安装,该力矩可使轴承随轴翻转。因此,在轴承径向方向装有一个测力杆,该测力杆另一端装有一个摩擦力传感器。当轴承欲随轴翻转时,测力杆被摩擦力传感器测量头顶住,使轴承不能随轴翻转,保持径向平衡位置。设测力杆上 A 点为摩擦力传感器的测力点,该点的作用力为 Q;测力杆上测力点 A 点与轴承中心的距离为 L,则

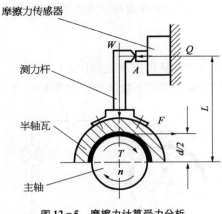

图 12 - 5　摩擦力计算受力分析

作用于轴承的摩擦平衡力矩为 $M = LQ$。根据力矩平衡条件得

$$F \times d/2 = LQ$$

又根据摩擦力 $F = fW$,将力矩平衡条件公式代入摩擦力计算公式得摩擦因素

$$f = \frac{2LQ}{Wd} \qquad (12 - 1)$$

式中　W——轴承所受外载荷(N);

　　　d——轴承直径(mm);

　　　Q——作用于 A 点的作用力(N);

　　　L——测力杆上测力点 A 点与轴承中心的距离(摩擦力力臂)(mm)。

12.1.4　实验曲线的绘制

1）滑动轴承径向油膜压力分布曲线和承载量曲线

根据测出的压力传感器的压力值,按一定的比例在方格纸上绘出油膜压力分布曲线。如图 12 -6 所示,以轴承内径 d 为直径作一圆,以 Y 轴为中心,在圆周上向左、向右每隔 20°各取一点,共得 7 点,即 7 只径向压力传感器所接油孔的位置 1,2,3,4,5,6,7。通过这些点与圆心相连,在各连线的延长线上画出压力线 1—1′,2—2′,3—3′,4—4′,5—5′,6—6′,7—7′,其大小与对应的压力传感器所测的压力值成正比(比如 0.1MPa = 5mm),用曲线板将 1′,2′,3′,4′,5′,6′,7′各点连成一光滑曲线,即得位于轴承中间截面的油膜压力分布曲线。此曲线起末两点 0 和 8 由曲线光滑连接定出。

将位于圆周上的 0,1,2,…7,8 各点投影到水平直线 OX' 上(图 12 -6 下面),分别为 0″,1″,2″,…,7″,8″,并在相应点的垂线上标出对应的压力值,将其端点 0′,1′,2′,…,7′,8′连成一光滑曲线,便得该轴承的承载量曲线。将 0′—3′—8′所围成的面积用面积仪求出,或近似地用数格法计算曲线所围的面积,然后以 0″—8″线为底边作矩形 0″AB8″,使其面积与曲线所围面积相等,则对应的 P_{m} 即为轴承中间截面上的平均压力。

2）滑动轴承轴向油膜压力分布曲线

作一水平线段,取其长度为轴承有效宽度 $B = 110$ mm,在中点的垂线上按一定的比例标出该点的压力值 4′(传感器 A4 的压力值),如图 12 -7所示,在距两端 $B/4$ 处分别作垂线,并在垂线上标出压力值 8′(传感器 A8 的压力值),轴承两端压力均为 0。将 0,8′,4′,8′,0 连成一光

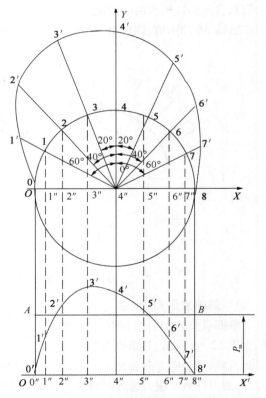

图 12 - 6　轴承径向油膜压力分布曲线和承载曲线

滑曲线,即得轴承轴向油膜压力分布曲线。同样,可
用前述方法求得其平均压力 P_m 。

3) 滑动轴承摩擦特性曲线

径向滑动轴承的摩擦系数 f 随轴承的特性系数
λ 值的改变而改变。轴承的特性系数

$$\lambda = \frac{n\eta}{p} \qquad (12-2)$$

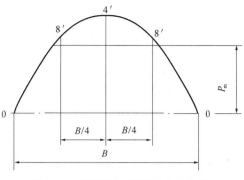

图 12-7　轴承轴向油膜压力分布曲线

式中　n——主轴的转速(r/min);

　　　　η——润滑油动力黏度(Pa·s);

　　　　p——轴承压力,$p = \dfrac{W}{Bd}$(MPa)。

根据实测记录数据计算摩擦系数 f 及轴承的特性系数 λ ,按一定的比例在方格纸上绘出轴承
摩擦特性曲线如图 12-8 所示。

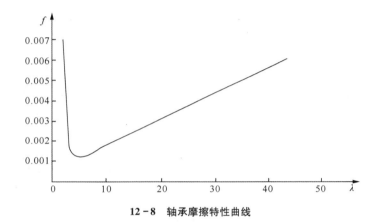

12-8　轴承摩擦特性曲线

12.1.5　实验步骤

(1) 接通电源前,先将操控面板上电动机"调速"旋钮逆时针轻旋到底,即将电动机转速置于
零的位置,以免开机时电动机突然起动;然后将螺旋加载杆与外加载荷传感器脱离接触,以免因带
载起动造成轴瓦磨损。

(2) 接通实验台电源(单相 220V),打开电源开关,将"外加载荷(N)"数码管调整为零。

(3) 起动电动机,将轴的转速逐渐调整到 400r/min,注意观察油膜指示灯亮度的变化情况,待
油膜指示灯完全熄灭。

(4) 施加 400N 的外载荷,待压力传感器的压力值稳定后,在操控面板上依次按"测点选择"按
钮,在"测点号"数码管上依次显示各压力传感器的序号,分别记录相应的"油膜压力(kPa)"数码
管显示的值。

(5) 将电动机调速至 300r/min,使外加载荷保持在 400N 水平上,稳定运转 1～2min,记录操控
面板上"轴瓦摩擦力(N)"数码管显示的数值。

(6) 调节"调速"旋钮降低转速,记录转速分别为 250r/min、200r/min、150r/min、100r/min、
50r/min 时"轴瓦摩擦力(N)"数码管显示的数值。

（7）改变外载荷至 600N，重复上述（5）、（6）步骤。

（8）实验结束后，将电动机调速旋钮逆时针方向旋转到底，关掉电源开关，然后切断电源，旋松加载螺杆，卸掉外载荷。

（9）整理实验数据，按一定比例绘制滑动轴承径向油膜压力分布曲线、轴向油膜压力分布曲线和摩擦特性曲线等，完成实验报告。

12.1.6　思考题

（1）哪些因素影响液体动压轴承的承载能力及其油膜的形成？

（2）当转速增加或载荷增大时，油膜压力分布曲线的变化如何？

（3）$f-\lambda$ 特性曲线说明什么问题？当轴承参数（如相对间隙）改变时，曲线有何变化？

12.2　液体动压润滑径向滑动轴承油膜压力分布和摩擦特性曲线的测定实验报告

实验名称	液体动压润滑径向滑动轴承油膜压力分布和摩擦特性曲线的测定				
学生姓名		学　号		任课教师	
实验日期		成　绩		实验教师	

12.2.1　实验目的

12.2.2　原始数据

轴颈直径 d(mm)	轴承宽度 B(mm)	摩擦力力臂 L(mm)	润滑油牌号

12.2.3　实验数据记录与处理结果

1）滑动轴承油膜压力分布试验值

传感器序号	A1	A2	A3	A4	
油膜压力(kPa)					轴承载荷 $W=$　　　（N）
传感器序号	A5	A6	A7	A8	主轴转速 $n=$　　　（r/min）
油膜压力(kPa)					

2）滑动轴承摩擦特性曲线试验值及计算值

第一次		轴承载荷 W = 　　　　N；轴承压力 $p = \dfrac{W}{dB}$ = 　　　　MPa						
主轴转速	n(r/min)							
摩擦力传感器	Q(N)							
油的工作温度	t_m(℃)							
油的黏度	η(Pa·s)							
摩擦系数	f							
特性系数	λ							

第二次		轴承载荷 W = 　　　　N；轴承压力 $p = \dfrac{W}{dB}$ = 　　　　MPa						
主轴转速	n(r/min)							
摩擦力传感器	Q(N)							
油的工作温度	t_m(℃)							
油的黏度	η(Pa·s)							
摩擦系数	f							
特性系数	λ							

12.2.4　绘制径向滑动轴承径向油膜压力分布曲线和轴向油膜压力分布曲线

1）轴向油膜压力分布曲线

2）径向油膜压力分布曲线和承载量曲线

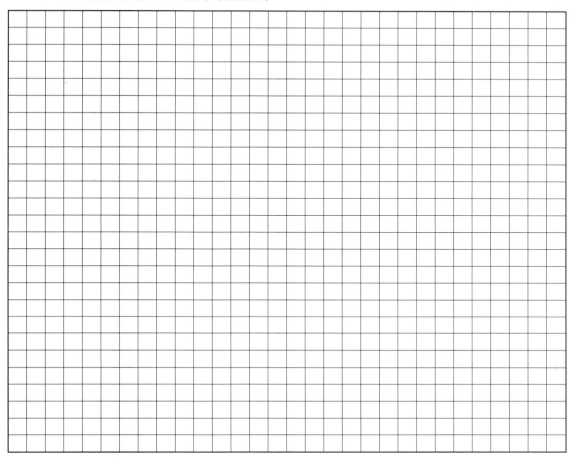

3）轴承摩擦特性曲线

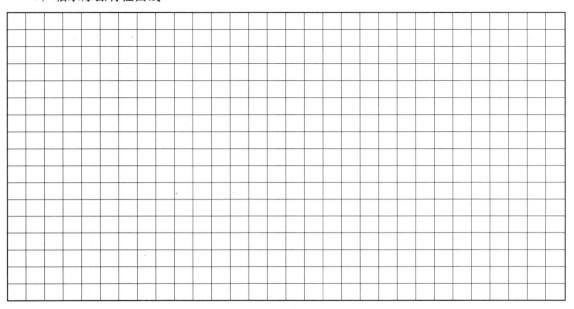

12.2.5　思考题回答

12.2.6　心得和体会

第 13 章　轴系结构设计实验

（适用于机械类本科）

13.1　轴系结构设计实验指导

13.1.1　实验目的

（1）熟悉和掌握轴的结构设计和滚动轴承组合设计的基本要求和设计方法。

（2）了解轴上零件的装配工艺。

13.1.2　实验设备和工具

（1）组合式轴系结构设计分析实验箱，其零件明细见表 13－1。

表 13－1　组合式轴系结构设计分析实验箱零件明细

序号	类别	零 件 名 称	件数	序号	类别	零 件 名 称	件数
1	齿轮类	小直齿轮	1	27	轴套类	调整环	2
2		小斜齿轮	1	28		调整垫片	16
3		大直齿轮	1	29		轴端压板	4
4		大斜齿轮	1	30	支座类	锥齿轮轴用套环	2
5		小锥齿轮	1	31		蜗杆用套环	1
6	轴类	大直齿轮用轴	1	32		直齿轮轴用支座（油用）	2
7		小直齿轮用轴	1	33		直齿轮轴用支座（脂用）	2
8		大锥齿轮用轴	1	34		锥齿轮轴用支座	1
9		小锥齿轮用轴	1	35		蜗杆轴用支座	1
10		固游式用蜗杆	1	36	轴承	轴承 6206	2
11		两端固定用蜗杆	1	37		轴承 7206AC	2
12	联轴器	联轴器 A	1	38		轴承 30206	2
13		联轴器 B	1	39		轴承 N206	2
14	轴承端盖类	凸缘式闷盖（脂用）	1	40	连接件及其他	键 8 × 35	4
15		凸缘式透盖（脂用）	1	41		键 6 × 20	4
16		大凸缘式闷盖	1	42		圆螺母 M30 × 1.5	2
17		凸缘式闷盖（油用）	1	43		圆螺母止动圈 φ30	2
18		凸缘式透盖（油用）	4	44		骨架油封 φ30 × φ45 × 10	2
19		大凸缘式透盖	1	45		无骨架油封 φ30 × φ55 × 12	1
20		嵌入式闷盖	1	46		无骨架油封压盖	1
21		嵌入式透盖	2	47		轴用弹性卡环 φ30	2
22		凸缘式透盖（迷宫）	1	48		羊毛毡圈 φ30	2
23		迷宫式轴套	1	49		M8 × 15	4
24	轴套类	甩油环	6	50		M8 × 25	6
25		挡油环	4	51		M6 × 25	10
26		套筒	24	52		M6 × 35	4

（续表）

序号	类别	零件名称	件数	序号	类别	零件名称	件数
53	连接件及其他	M4×10	4	57	工具	双头扳手 12×14	1
54		ϕ6 垫圈	10	58		双头扳手 10×12	1
55		ϕ4 垫圈	4	59		挡圈钳	1
56		组装底座	2	60		3 寸起子	1

（2）300mm 钢皮尺、游标卡尺、内外卡钳、铅笔和三角板等。

13.1.3　轴系结构设计概要

轴系结构设计就是根据工作条件确定轴的合理外形和全部结构尺寸。它通常按以下方式进行：

1）拟定轴上零件的装配方案

所谓装配方案，就是预定出轴上主要零件的装配方向、顺序和相互关系。不同的装配方案可得出不同的轴的结构形式，所以应拟定几种不同的装配方案，以进行分析和选择。

2）确定轴的基本直径和各段长度

初定轴的直径时，其支反力作用点未知，不能决定弯矩的大小和分布情况，因而不能按弯矩来确定轴的直径，只能按转矩初步估算轴径的大小，作为轴上仅受转矩的最小直径 d_{min}，也可凭经验或参考同类机器取定。d_{min} 确定后，按拟定的装配关系，从 d_{min} 处逐一确定各段长度及直径。与标准零件（如滚动轴承、联轴器、密封圈等）有配合要求的轴段，应按照标准直径来确定该轴段直径的大小。与非标准零件（如齿轮、带轮等）有配合要求的轴段，由于该零件的结构已经确定，因此，应按照非标准零件毂孔的直径来确定该轴段直径的大小。各轴段的长度尺寸，主要由轴上零件与轴配合部分的轴向尺寸、相邻零件之间的距离、轴向定位以及轴上零件的装配和调整空间等因素决定。

3）轴上各零件的轴向定位

轴上零件的轴向定位形式很多，如轴肩、轴环、套筒、轴端挡圈、圆螺母、弹性挡圈、紧定螺钉、锁紧挡圈和圆锥面等，其特点各异。

（1）轴肩与轴环。结构简单、可靠，能承受较大的轴向力。但在轴肩处因截面突变而引起应力集中。

（2）套筒。用于轴上两个零件之间的定位，不宜用于高速。

（3）轴端挡圈。用于固定轴端零件，可以承受较大的轴向力。

（4）圆螺母。定位可靠，能承受大的轴向力。但对轴的疲劳强度有较大的削弱，用于轴端。

（5）弹性挡圈。只承受较小的轴向力，常用于固定滚动轴承。

（6）紧定螺钉和锁紧挡圈。结构简单，轴向承载能力较小，常用于光轴上零件的固定。

（7）圆锥面。能承受冲击载荷，用于同心度要求较高的轴端零件。

4）轴上各零件的周向定位

常用的周向定位零件有键、花键、销、紧定螺钉以及过盈配合等。

5）轴的结构工艺性

为了便于装配零件并去掉毛刺，轴端应制出 45° 的倒角。需磨削的轴段，应留有砂轮越程槽；需切制螺纹的轴段，应留有螺纹退刀槽。轴上不同轴段的键槽应布置在同一母线上，以减少加工时装夹次数。轴上直径相近的圆角、倒角、键槽宽度、砂轮越程槽宽度和退刀槽宽度等应尽可能采用相同的尺寸等。

13.1.4　实验内容与要求

（1）从表 13-2 中选择轴系结构设计实验题号（由实验教师安排）。

表 13-2　轴系结构设计实验题号

实验题号	已知条件				
	齿轮类型	载荷	转速	其他条件	示　意　图
1	小直齿轮	轻	低		
2		中	高		
3	大直齿轮	中	低		
4		重	中		
5	小斜齿轮	轻	中		
6		中	高		
7	大斜齿轮	中	中		
8		重	低		
9	小锥齿轮	轻	低	锥齿轮轴	
10		中	高	锥齿轮与轴分开	
11	蜗杆	轻	低	发热量小	
12		重	中	发热量大	

（2）根据实验题号规定的设计条件进行轴系结构设计,解决轴承类型选择、轴上零件定位与固定、轴承安装与调节、润滑及密封等问题。

（3）绘制轴系结构装配图。

13.1.5　实验步骤

（1）明确实验内容,理解设计要求。

（2）构思轴系结构方案,绘制轴系结构示意图:

① 根据齿轮类型选择滚动轴承型号。

② 确定支承轴向固定方式（采用两端固定还是一端固定、一端游动配置方法）。

③ 根据齿轮圆周速度（高、中、低）确定轴承润滑方式（采用脂润滑还是油润滑）。

④ 选择端盖形式（采用凸缘式还是嵌入式）,考虑透盖处密封方式（采用毡圈还是皮碗或油沟）。

⑤ 考虑轴上零件的定位与固定,轴承间隙调整等问题。

⑥ 绘制轴系结构方案示意图。

（3）根据轴系结构方案,从实验箱中选取相应的零件实物,按装配工艺要求顺序装到轴上,完成轴系结构设计。

（4）检查轴系结构设计是否合理,并对不合理的结构进行修改。

（5）绘制轴系结构装配草图。

（6）测量零件结构尺寸(支座不用测量),并做好记录。

（7）将所有实验零件放回实验箱内的规定位置,工具放回原处。

（8）根据结构装配草图及测量数据,在 3 号图纸上用 1:1 比例绘制轴系结构装配图,要求装配关系表示正确,注明必要尺寸(如轴承跨距、齿轮直径与宽度、主要配合尺寸等),填写标题栏和明细表。

（9）完成实验报告。

13.1.6　思考题

（1）轴的结构设计要考虑哪些问题?

（2）轴为什么要做成阶梯形状,轴各段尺寸是怎样确定的?

（3）轴上零件的周向固定有哪些方法? 各有什么特点?

（4）轴上零件的轴向固定有哪些方法? 各有什么特点?

（5）对于最常见的两支点轴系,轴承的配置方法有哪几种形式? 各适用于何种情况?

（6）你所设计的轴系中,轴的各段长度和直径是根据什么确定的?

13.2　轴系结构设计实验报告

实验名称	轴系结构设计（实验题号：　　　）				
学生姓名		学　号		任课教师	
实验日期		成　绩		实验教师	

13.2.1　实验目的

13.2.2　实验已知条件

齿轮类型	载荷	转速	其他条件
轴系示意图			

13.2.3　实验结果

1）**绘制轴系结构装配图**（附 3 号图纸）

　　2）轴系结构设计说明（说明轴上零件的定位固定,滚动轴承的安装、调整、润滑与密封等方法）

13.2.4　思考题回答

13.2.5　心得和体会

第14章 轴系结构分析实验

（适用于近机械类本科、机械类专科）

14.1 轴系结构分析实验指导

14.1.1 实验目的

（1）熟悉并掌握轴、轴上零件的结构形状及功用、工艺要求和装配关系。

（2）熟悉并掌握轴、轴上零件的定位与固定方式。

（3）了解轴承的类型、布置、安装和调整方法以及润滑和密封方式。

14.1.2 实验设备和工具

（1）组合式轴系结构设计分析实验箱。箱内提供可组成圆柱齿轮轴系、小圆锥齿轮轴系和蜗杆轴系三类轴系结构模型的成套零件。其零件明细见表13-1。

（2）300mm 钢皮尺、游标卡尺、内外卡钳、铅笔和三角板等。

14.1.3 轴系结构分析概要

轴系包括轴、轴承和轴上零件，它是机器的重要组成部分。轴系结构分析就是根据已有的轴系分析轴系的固定、轴上零件的定位和轴承安装、调整、润滑、密封等问题。

1）轴系的固定

为保证滚动轴承轴系能正常传递轴向力且不发生轴向窜动，需要合理地设计轴系轴向固定结构，常用的形式有：

（1）两端固定。每个轴承分别传递一个方向的轴向力。这种结构较简单，适用于支承跨距较小（跨距 $l \leqslant 400\text{mm}$），工作温度不高的场合。为了补偿轴的受热伸长，在安装轴承时，应留有0.25～0.4mm 的间隙，间隙量常用垫片或调整螺钉调节。

（2）一端固定，一端游动。由双向固定端的轴承传递轴向力并控制间隙，由游动端保证伸缩时能自由游动。为避免松脱，游动轴承内圈应与轴固定。这种结构适用于支承跨距较大，工作温度较高的场合。

2）轴上零件的定位

为了防止轴上零件受力时发生轴向和周向的相对运动，轴上零件除了有游动或空转的要求外，都必须进行轴向和周向定位，以保证其准确的工作位置。

（1）零件的轴向定位。轴上零件的轴向定位形式很多，如轴肩、轴环、套筒、轴端挡圈、圆螺母、弹性挡圈、紧定螺钉、锁紧挡圈和圆锥面等，其特点各异。

① 轴肩与轴环：结构简单、可靠，能承受较大的轴向力。轴肩圆角半径必须小于轴承的圆角半

径,轴肩高度不应大于内圈高度的 3/4,以便于轴承的拆卸。

②　套筒:用于轴上两个零件之间的定位,不宜用于高速。

③　轴端挡圈:用于固定轴端零件,可以承受较大的轴向力。

④　圆螺母:定位可靠,能承受大的轴向力。但对轴的疲劳强度有较大的削弱,用于轴端。

⑤　弹性挡圈:只承受较小的轴向力,常用于固定滚动轴承。

⑥　紧定螺钉和锁紧挡圈:结构简单,轴向承载能力较小,常用于光轴上零件的固定。

⑦　圆锥面:能承受冲击载荷,用于同心度要求较高的轴端零件。

（2）零件的周向定位。常用的周向定位有键、花键、销、紧定螺钉以及过盈配合等。

3）轴承的润滑和密封

润滑和密封对于滚动轴承的使用寿命影响很大。

（1）轴承的润滑。润滑的目的在于减少轴承的摩擦和磨损,还有吸振、冷却、防锈、密封等的作用。在选择润滑剂时,可按速度因数 dn 值来确定（d 为轴承的内径,n 为轴的转速）。当 $dn \leqslant (2 \sim 3) \times 10^5 \mathrm{mm} \cdot \mathrm{r/min}$ 时,一般采用脂润滑,超过此范围时采用油润滑。

润滑油的黏度可根据轴承的速度因数和工作温度查手册确定。如果采用浸油润滑,则油面高度不应超过最低滚动体的中心,以免产生过大的搅油损耗和热量。高速轴承通常采用喷油润滑或油雾润滑。

（2）轴承的密封。密封的目的在于阻止灰尘或水分进入轴承和防止润滑剂流失。

密封方法可分为两大类:一是接触式密封（如毡圈油封、唇形密封圈、密封环）,一般用于速度不太高的场合;二是非接触式密封（如隙缝密封、甩油密封和曲路密封）,一般用于速度较高的场合。如果联合使用各种密封方法,效果更好。

14.1.4　实验步骤

（1）观察与分析轴系结构的特点。

①　分析轴的各部分结构、形状、尺寸与轴的强度、刚度、加工、装配的关系。

②　分析轴上零件的用途、定位及固定方式。

③　分析轴承类型、布置和轴承的固定、调整方式。

④　了解润滑及密封装置的类型、结构和特点。

（2）绘制轴系装配示意图或结构草图。

（3）测量轴系主要装配尺寸（如支承跨距）和零件主要结构尺寸（支座不用测量,对于拆卸困难或无法测量的某些尺寸可以根据实物相对大小和结构关系估算出来）。

（4）装配轴系部件以恢复原状,整理工具。

（5）根据装配草图和测量数据,绘制轴系部件装配图。

14.1.5　思考题

（1）为什么轴通常要做成中间大两头小的阶梯形状? 如何区分轴上的轴径、轴头和轴身各轴段,它们的尺寸是如何确定的?

（2）轴承采用什么类型? 选择的依据是什么?

（3）轴系固定方式是用"两端固定"还是"一端固定,一端游动",为什么? 如何考虑轴的受热伸长问题?

（4）轴承和轴上零件在轴上的轴向位置是如何固定的?

（5）传动零件和轴承采用何种润滑方式？轴承采用何种密封装置,有何特点？

（6）如何调整轴系中圆锥齿轮副和蜗杆副的啮合位置,以保证传动良好？

14.1.6　轴系结构实验参考图(图 14 - 1 ～图 14 - 7)

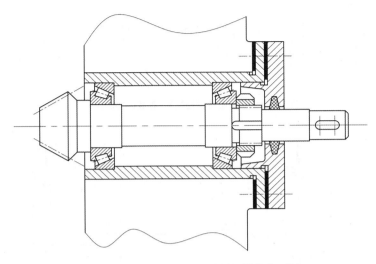

图 14 - 1　小圆锥齿轮轴系(齿轮和轴做成一体)

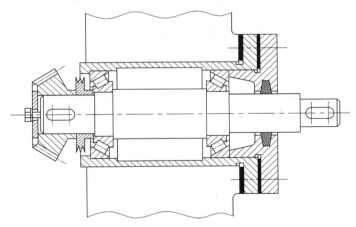

图 14 - 2　小圆锥齿轮轴系(齿轮与轴分开制作)

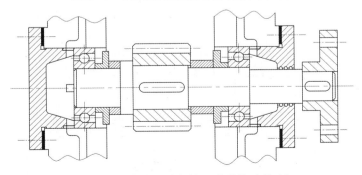

图 14 - 3　斜齿圆柱齿轮轴系(中载荷、高转速)

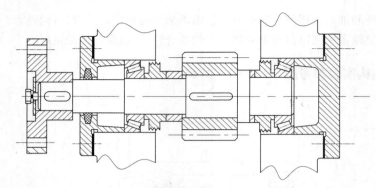

图 14 - 4　斜齿圆柱齿轮轴系(重载荷、低转速)

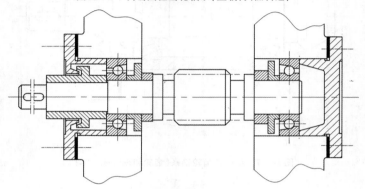

图 14 - 5　蜗杆轴系(轻载荷、低转速)

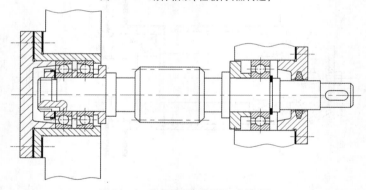

图 14 - 6　蜗杆轴系(重载荷、中转速)

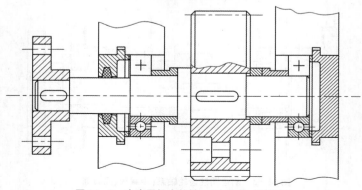

图 14 - 7　直齿圆柱齿轮轴系(中载荷、低转速)

14.2　轴系结构分析实验报告

实验名称	轴系结构分析				
学生姓名		学　号		任课教师	
实验日期		成　绩		实验教师	

14.2.1　实验目的

14.2.2　实验结果

1）绘制轴系示意图

2）绘制轴系结构装配图

　　3）**轴系结构设计说明**（说明轴上零件的定位固定,滚动轴承的安装、调整、润滑与密封等方法）

14.2.3　思考题回答

14.2.4　心得和体会

第 15 章　减速器拆装及结构分析实验

15.1　减速器拆装及结构分析实验指导

15.1.1　实验目的

（1）熟悉减速器的基本构造，了解减速器的用途、特点及其拆装顺序。

（2）观察齿轮的轴向固定方式及安装顺序。

（3）了解轴承配置的特点及其调整方法。

（4）了解减速器润滑和密封的方法。

（5）了解减速器各附件的名称、结构、安装位置及作用。

（6）培养分析、判断和正确设计减速器的能力。

15.1.2　实验设备和工具

（1）各类典型的减速器,如一级圆柱齿轮减速器、一级圆锥齿轮减速器、一级蜗杆减速器、二级展开式圆柱齿轮减速器、二级同轴式圆柱齿轮减速器、二级分流式圆柱齿轮减速器、二级圆锥-圆柱齿轮减速器等(可视具体情况选用),其特点见表 15－1。

（2）轴承拆卸工具、活扳手、呆扳手、锤子、游标卡尺、钢皮尺、内外卡钳、百分表及表架、铅丝及涂料等。

表 15－1　常用减速器的类型及特点

名 称	运 动 简 图	特 点 及 应 用
一级圆柱齿轮减速器		轮齿可做成直齿、斜齿或人字齿。直齿用于速度较低或载荷较轻的传动,斜齿用于速度较高的传动,人字齿用于载荷较重的传动
二级圆柱齿轮减速器　展开式		减速器结构简单,但齿轮相对轴承的位置不对称,因此轴应具有较大刚性。高速级齿轮布置在远离转矩输入端,这样,轴在转矩作用下产生的扭转变形将能减轻轴在弯矩作用下产生弯曲变形所引起的载荷沿齿宽分布不均匀的现象。一般用于载荷较平稳的场合,轮齿可做成直齿、斜齿或人字齿

（续表）

名　称		运　动　简　图	特　点　及　应　用
二级圆柱齿轮减速器	同轴式	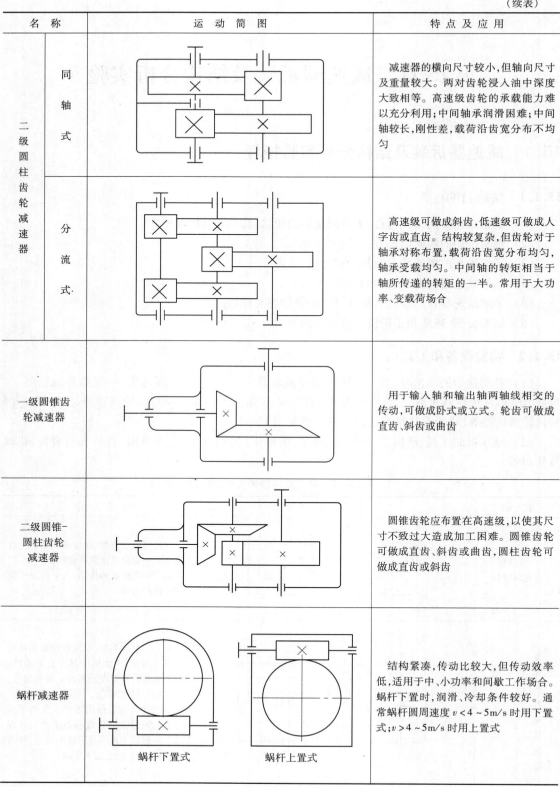	减速器的横向尺寸较小,但轴向尺寸及重量较大。两对齿轮浸入油中深度大致相等。高速级齿轮的承载能力难以充分利用;中间轴承润滑困难;中间轴较长,刚性差,载荷沿齿宽分布不均匀
	分流式		高速级可做成斜齿,低速级可做成人字齿或直齿。结构较复杂,但齿轮对于轴承对称布置,载荷沿齿宽分布均匀,轴承受载均匀。中间轴的转矩相当于轴所传递的转矩的一半。常用于大功率、变载荷场合
一级圆锥齿轮减速器			用于输入轴和输出轴两轴线相交的传动,可做成卧式或立式。轮齿可做成直齿、斜齿或曲齿
二级圆锥-圆柱齿轮减速器			圆锥齿轮应布置在高速级,以使其尺寸不致过大造成加工困难。圆锥齿轮可做成直齿、斜齿或曲齿,圆柱齿轮可做成直齿或斜齿
蜗杆减速器		蜗杆下置式　　　蜗杆上置式	结构紧凑,传动比较大,但传动效率低,适用于中、小功率和间歇工作场合。蜗杆下置时,润滑、冷却条件较好。通常蜗杆圆周速度 $v < 4 \sim 5 \text{m/s}$ 时用下置式;$v > 4 \sim 5 \text{m/s}$ 时用上置式

15.1.3　减速器结构

各种形式的减速器,其结构基本相似,一般均由传动零件、轴、轴承、箱体和减速器附件所组成。图 15－1 为典型的一级圆柱齿轮减速器的基本结构,它主要由以下三大部分组成。

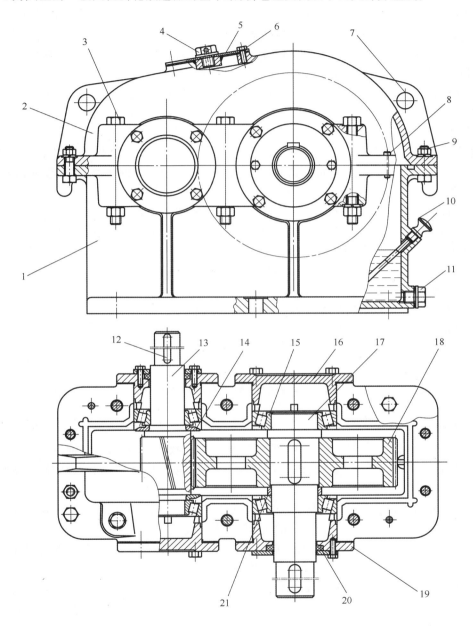

图 15－1　一级圆柱齿轮减速器

1—箱座；2—箱盖；3、9—连接螺栓；4—通气器；5—检查孔盖板；6—盖板螺钉；7—箱盖吊耳；8—定位销；
10—油标尺；11—放油螺塞；12—平键；13—齿轮轴；14—挡油环；15—滚动轴承；16—轴承闷盖；
17—低速轴；18—齿轮；19—轴承透盖；20—毡圈油封；21—间隔套筒

1）**齿轮、轴和轴承组合**

当小齿轮齿根圆直径与轴径相近时,齿轮与轴通常制成一体成为齿轮轴。大齿轮一般用键与轴连接,轴上零件采用轴肩、轴环、间隔套筒和轴承端盖做轴向固定。各轴一般都用滚动轴承支承。当载荷很大,冲击严重和转速很高时可考虑采用滑动轴承。在图 15 - 1 中,两轴均用圆锥滚子轴承支承,这种组合适合于承受径向载荷和较大的轴向载荷的场合。当轴承在承受径向载荷的同时,还有不大的轴向载荷时,可选用深沟球轴承或接触角不大的角接触球轴承。图中轴承是利用齿轮旋转时溅起的润滑油,通过导油槽流入轴承进行润滑。为了防止过多的油进入轴承,在小齿轮和滚动轴承之间安装了挡油环。当浸油齿轮圆周速度较低时,应采用润滑脂润滑轴承。为了避免溅起的稀油冲掉润滑脂,可采用封油环将其隔开。在轴伸和端盖之间装有毛毡油封,以防止漏油和外界污物进入箱体内。

2）**箱体**

箱体应具有足够的强度和刚度,通常用灰铸铁制造。箱体大多采用剖分式结构,即分成箱盖和箱座。剖分面通过轴心线,这样就可在箱外将传动件和轴系零件事先安装好,然后装入箱体内。

3）**附件**

考虑到减速器在制造、装配和工作等方面的需要,减速器还设置如下附件:

（1）检查孔盖板。箱盖上开设检查孔,是为了检视齿轮的啮合情况及向箱内注入润滑油。平时,检查孔用检查孔盖板盖住并用螺钉固定。

（2）通气器。使减速器工作时产生的热空气能自由地排出箱外。

（3）轴承盖。用于轴向固定滚动轴承和轴系零件的轴向位置。

（4）定位销。保证箱盖和箱座在制造和装配时相互位置的正确性。

（5）油面指示器。用以检测减速器内的油量。

（6）放油螺塞。用于换油时放油。

（7）启盖螺钉。用于拆卸时顶起箱盖,使之与箱座分开。

（8）起吊装置。在箱体上铸出吊耳或吊钩,或装有吊环螺钉,以便搬运减速器或拆卸箱盖。

15.1.4　实验方法和步骤

（1）开盖前先观察减速器外部形状,判断传动方式、级数、输入轴与输出轴;观察有哪些箱体附件,了解它们所处的位置、结构特点和功用;正反转动高速轴,手感齿轮副啮合的侧隙;轴向移动各轴,手感轴系的轴向游隙。

（2）拧下箱盖与箱座连接螺栓及端盖螺钉,拔出定位销,旋转启盖螺钉,待箱盖开启 3～5mm 后,利用箱盖上的吊环卸下箱盖。仔细分析减速器的各部分结构。

① 箱体结构。检查孔、透气孔、油标、放油塞、加强肋的位置及结构;定位销的位置;螺钉凸台的位置（并注意扳手空间是否合理）;吊耳及吊钩的结构与位置。

② 轴上零件结构。分析轴上零件的轴向和周向定位方法,分析轴承预紧力的调整方法。

③ 润滑与密封结构。分析齿轮的润滑方法以及轴承的润滑和密封方法;分析油槽的位置和加工方法以及加油方式。

（3）绘制减速器的传动示意图,测量其主要参数和尺寸。

① 数出各齿轮的齿数,计算各级传动比和总传动比。

② 测出齿轮传动中心距,并根据计算公式计算出齿轮模数、斜齿轮的螺旋角。

③ 测量各齿轮的齿宽,算出齿宽系数;观察大小齿轮的宽度是否一致。

④ 确定齿轮与箱壁的间距、油池的深度和滚动轴承的型号。

（4）检查齿轮的接触斑点。将一对齿轮的轮齿擦干净，在小齿轮上不少于1/3轮齿的齿面上均匀地涂上一层薄涂料（如红铅油等）。正反转动输入轴使齿轮副互相啮合（注意：小齿轮不得转过一周），直至从动轮齿面上着色痕迹充分地呈现出来。然后确定从动轮轮齿上着色痕迹的分布情况和尺寸，进行轮齿接触斑点的检查（图 15－2），接触痕迹的大小在齿面展开图上用百分比计算。

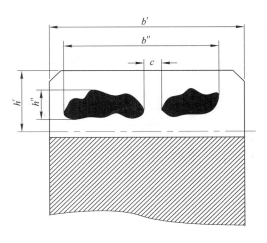

图 15－2　齿轮接触斑点的检查

沿齿长方向：接触痕迹的长度 b''（扣除超过模数值的断开部分 c）与工作长度 b' 之比的百分数，即

$$\frac{b''-c}{b'}\times100\%$$

沿齿高方向：接触痕迹的平均高度 h'' 与轮齿工作高度 h' 之比的百分数，即

$$\frac{h''}{h'}\times100\%$$

检查计算结果是否符合啮合齿轮齿面接触精度的要求，见表 15－2。

表 15－2　啮合齿轮齿面接触精度

接触斑点	单　位	精　度　等　级		
		7	8	9
按高度不小于	%	45	40	30
		(35)	(30)	
按长度不小于		60	50	40

注：1. 接触斑点的分布位置应趋于齿面中部，齿顶和两端部棱边处不允许接触。
　　2. 括号内数值用于轴向重合度大于0.8的斜齿轮。

（5）齿轮侧隙的测量。装配好减速器，但不要盖箱盖，在齿轮之间插入一直径稍大于齿轮侧隙的铅丝，转动齿轮，碾压轮齿之间的铅丝。取出铅丝，用游标卡尺测量压扁的铅丝最薄处的厚度即为齿侧间隙，然后与标准规定的齿侧间隙进行比较，判断是否符合要求。

（6）将箱盖盖上，装上定位销，拧紧连接螺栓。

15.1.5　思考题

（1）减速器的用途是什么？常见的有哪些类型？它由哪几部分组成？
（2）减速器有哪些附件，它们的作用是什么？
（3）减速器的齿轮传动和轴承采用什么润滑方式？
（4）通过减速器的拆装，扳手空间应为多大？如何考虑？
（5）如何保证箱体有足够的刚性？

15.2　减速器拆装及结构分析实验报告

实验名称	减速器拆装及结构分析				
学生姓名		学　号		任课教师	
实验日期		成　绩		实验教师	

15.2.1　实验目的

15.2.2　实验测量数据及结果

1）绘制减速器传动示意图

2）减速器传动参数

名　　称		符　号	减速器形式及尺寸	
			齿轮减速器	蜗轮减速器
地脚螺钉直径		d_f		
轴承旁连接螺栓直径		d		
盖与座连接螺栓直径		d_2		
检查孔螺钉直径		d_4		
机座壁厚		δ		
机盖壁厚		δ_1		
机座凸缘壁厚		b		
机盖凸缘壁厚		b_1		
机座底凸缘壁厚		b_2		
中心高		H		
上箱体肋厚		m_1		
下箱体肋厚		m		
大齿轮齿顶圆(蜗轮外圆)与箱体内壁距离		Δ_1		
齿轮端面(蜗轮端面)与箱体内壁距离		Δ		
轴承安装位置与箱体内壁距离		I_2		
中心距	第一级	a_1		
	第二级	a_2		
齿轮齿数	1	z_1		
	2	z_2		
	3	z_3		
	4	z_4		
齿轮传动比	第一级	i_1		
	第二级	i_2		
齿轮外径	第一级	d_{a1}		
		d_{a2}		
	第二级	d_{a3}		
		d_{a4}		
齿轮法面模数	第一级	m_{n12}		
	第二级	m_{n34}		

3）装配要求数据

精度等级 （按 GB 规定）	高速级齿轮			
	低速级齿轮			
项　目		测量值（mm）	GB 要求值（mm）	是否符合规定
侧隙大小	高速级 j_{t0}			
	低速级 j_{t0}			
接触斑点	沿齿长方向（%）			
	沿齿高方向（%）			
接触斑点的分布 情况及尺寸图 （只需画一对）	_____速级齿轮：	$\dfrac{b''-c}{b'} \times 100\% =$ $\dfrac{h''}{h'} \times 100\% =$		

15.2.3　思考题回答

15.2.4　心得和体会

第 3 篇

实验数据的计算机处理方法

第16章 Origin 7.0 在机械设计实验中的应用

Origin 是 OriginLab 公司（其前身为 Microcal 公司）开发的图形可视化和数据分析软件,自1991 年问世以来,由于其功能强大、操作简便,很快就成为国际流行的分析软件之一。

Origin 7.0 是一种高级数据可视化和分析软件,具有快速、灵活、易学的优点,提供了图形、分析 和数据处理的综合解决方案。

16.1 Origin 7.0 简介

16.1.1 工作窗口的组成

Origin 7.0 的典型工作窗口如图16-1所示。从图中可以看到,Origin 的工作窗口包括以下几 部分:

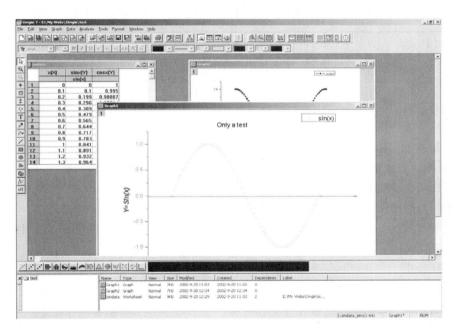

图 16-1 Origin 7.0 的工作窗口

（1）标题栏。位于窗口的顶部,用来显示当前文件的名称及路径。

（2）菜单栏。位于窗口的第二行。菜单栏中的每个菜单项还包括下拉菜单和子菜单,通过这 些命令可以实现几乎所有的 Origin 功能。

（3）工具栏。位于菜单栏的下方。Origin 7.0 提供了分类合理、直观、功能强大、使用方便的 多种工具。最常用的功能一般都可以通过工具栏实现。

（4）工作区。位于窗口的中间部分。大部分绘图和数据处理的工作都在这个区域内完成。

（5）项目管理器。位于工作区的下面。它类似于 Windows 中的资源管理器,以树形形式显示出项目文件各部分名称以及它们之间的相互关系。

（6）状态栏。位于窗口的最下面,用来标出当前的工作内容以及对鼠标指到的菜单按钮进行说明。

16.1.2　菜单栏

菜单栏的结构与当前窗口的操作对象有关,取决于当前的活动窗口。当前窗口为工作表窗口、绘图窗口或矩阵窗口时,主菜单及其各子菜单的内容并不完全相同,图 16 - 2 为工作表窗口、绘图窗口和矩阵窗口的主菜单。

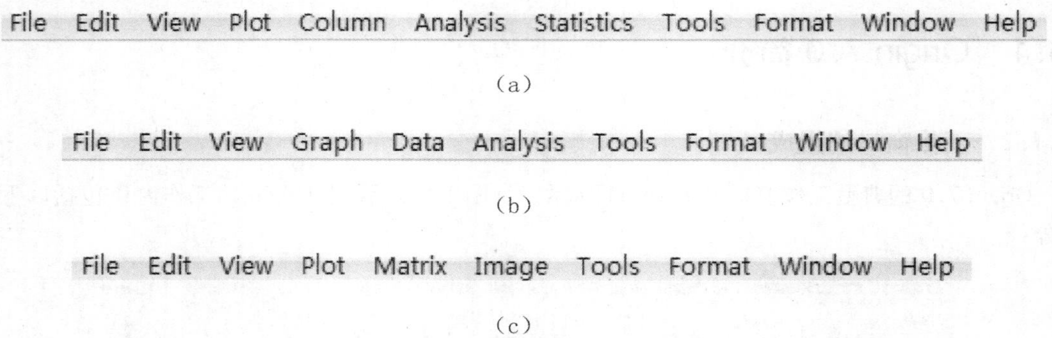

File Edit View Plot Column Analysis Statistics Tools Format Window Help

（a）

File Edit View Graph Data Analysis Tools Format Window Help

（b）

File Edit View Plot Matrix Image Tools Format Window Help

（c）

图 16 - 2　Origin 7.0 不同活动窗口的主菜单结构

（a）工作表窗口；（b）绘图窗口；（c）矩阵窗口

菜单简要说明如下:

File:文件功能操作。打开文件,输入、输出数据和图形等。

Edit:编辑功能操作。包括数据和图像的编辑等,比如复制、粘贴、清除和 undo 功能等。

View:视图功能操作。控制屏幕显示,包括控制 Origin 7.0 界面上各种对象的显示、隐藏状态,以及当前窗口的显示细节。

Plot:绘图功能操作。主要提供五类功能:

（1）几种样式的二维绘图,包括直线、描点、直线加符号、特殊线、特殊符号、条形图、特殊条形图、柱形图和饼图等。

（2）三维绘图。

（3）气泡及彩色映射图、统计图和图形版面布局。

（4）特种绘图,包括面积图、极坐标图和向量。

（5）模板,把选中的工作表数据导入绘图模板。

Column:列功能操作。比如设置列的属性,增加、删除列等。

Graph:图形功能操作。主要包括增加误差栏、函数图、缩放坐标轴、交换 X、Y 轴等。

Data:数据功能操作。

Analysis:分析功能操作。

（1）对工作表窗口:提取工作表数据;行列统计;排序;数字信号处理(快速傅里叶变换 FFT、相关 Correlate、卷积 Convolute、解卷 Deconvolute);统计功能(T -检验)、方差分析(ANOAV)、多元回归(Multiple Regression);非线性曲线拟合等。

(2) 对绘图窗口:数学运算;平滑滤波;图形变换;FFT;线性多项式、非线性曲线等各种拟合方法。

Matrix:矩阵功能操作。对矩阵的操作,包括矩阵属性、维数和数值设置,矩阵转置和取反,矩阵扩展和收缩,矩阵平滑和积分等。

Tools:工具功能操作。

(1) 对工作表窗口:选项控制;工作表脚本;线性、多项式和 S 曲线拟合。

(2) 对绘图窗口:选项控制;层控制;提取峰值;基线和平滑;线性、多项式和 S 曲线拟合。

Format:格式功能操作。

(1) 对工作表窗口:菜单格式控制、工作表显示控制,栅格捕捉、调色板等。

(2) 对绘图窗口:菜单格式控制;图形页面、图层和线条样式控制,栅格捕捉,坐标轴样式控制和调色板等。

Window:窗口功能操作。控制窗口显示。

Help:帮助功能操作。

16.1.3　窗口类型

Origin 7.0 为图形和数据分析提供了多种窗口类型,包括工作表(Worksheet)窗口、绘图(Graph)窗口、版面设计(Layout Page)窗口和 Excel 工作簿窗口、结果记录(Results Log)窗口等。

1) 工作表窗口

工作表的主要功能是存放和组织 Origin 中的数据,利用这些数据进行统计、分析和作图。工作表窗口最上边一行为标题栏,A、B、C、…是数列的名称,X 和 Y 是数列的属性,其中 X 表示该列为自变量,Y 表示该列为因变量。可以双击数列字母所在行,打开"Worksheet Column Format"对话框改变这些设置。工作表中的数据可以直接输入,也可以从外部文件导入,而后通过选取工作表中的列完成作图。

2) 绘图窗口

绘图窗口相当于图形编辑器,用于图形的绘制和修改。每一个绘图窗口都对应一个可编辑的页面,可包含图层、轴、注释以及标注等多个图形对象。

3) 版面设计窗口

版面设计窗口是将工作表和图形结合起来的显示窗口。在版面设计窗口中工作表和图形等是特定的对象,可进行添加、移动、改变大小操作,但不能进行编辑。用户通过对图形进行位置排列,可设置自定义版面设计窗口。

4) Excel 工作簿窗口

在 Origin 中能方便嵌入 Excel 工作簿是 Origin 的一大特色。通过 Origin 中"File→Open Excel"命令可打开 Excel 工作簿,并用其数据进行分析和绘图。当 Excel 工作簿在 Origin 中被激活时,主菜单中包含 Origin 和 Excel 菜单及其相应功能。

5) 结果记录窗口

结果记录窗口由 Origin 运行"Analysis"菜单里的命令自动生成,保存如线性拟合、多项式拟合、S 曲线拟合的结果,每一项记录都包含了运行时间、项目的位置、分析的数据集和类型,以便于查对校核。结果记录窗口是浮动的,可以根据需要,用鼠标将它移动到 Origin 工作空间的任何位置。

16.1.4　Origin 7.0 文件类型

Origin 由项目(Project)文件组织数据分析和图形绘图。保存项目文件时,各子窗口,包括工作表窗口、绘图窗口、版面设计窗口等将随之一起保存。各子窗口也可以单独保存为窗口文件或模板文件。当保存为窗口文件或模板文件时,它们的文件扩展名有所不同。表 16－1 列出了 Origin 项目文件和工作文件的扩展名。

表 16－1　Origin 项目文件和工作文件扩展名

项目或窗口类型	项目或窗口文件扩展名	模板文件扩展名
项目(Project)	opj	—
图形(Graph)	ogg	otp
工作表(Worksheet)	ogw	otw
版面设计(Layout Page)	ogg	otp

16.2　Origin 7.0 应用实例

带传动的滑动和效率测定实验得到的数据是负载、n_1、n_2、T_1 和 T_2,计算得到的值是滑动率 ε 和传动效率 η,见表 16－2,本节以此为例说明 Origin 的作图方法。

表 16－2　带传动的滑动和效率测定实验数据

序号	负载 (N)	n_1 (r/min)	n_2 (r/min)	T_1 (N·m)	T_2 (N·m)	$\varepsilon(\%)$	$\eta(\%)$
1	0	801	799	0.46	0	0.25	0
2	30	801	798	2.40	1.75	0.37	72.64
3	60	799	796	3.45	2.63	0.38	75.95
4	90	799	794	4.39	3.45	0.63	78.10
5	120	798	786	5.33	4.33	1.50	80.02
6	150	799	740	6.03	4.80	7.38	73.72
7	180	798	670	6.27	5.21	16.04	69.77
8	210	797	586	6.68	5.51	26.47	60.65

16.2.1　数据输入

启动 Origin 后,出现默认的画面,然后可以在工作表窗口中输入作图所需的数据。Origin 工作表中的输入数据方法非常灵活,除直接在 Origin 工作表的单元格中进行数据添加、插入、删除、粘贴和移动外,还有多种数据交换的方法。如果要对直接测量值进行计算,建议可以先用 Excel 进行计算,因为 Excel 的计算功能十分强大,如本例中根据主、从动轮的转速 n_1、n_2 计算出滑动率 ε,根据主、从动轮的转速 n_1、n_2 和输入、输出转矩 T_1、T_2 计算出传动效率 η,然后将其保存为一 Excel 文件。接着,在 Origin 工作表窗口中选择"File→Open Excel"命令,选择要打开的 Excel 文件,在弹出的打开 Excel 工作簿对话框(图 16－3)中进行选择。若选择"Open as Excel Workbook",则可以同时使用 Excel 工具、Origin 分析工具和绘图工具处理数据,当保存工程项目时,可保存该工作簿与项目的连接或将工作簿作为 Origin 项目的一部分保存。若选择"Open as Origin Worksheet"打开工作簿,则不能在 Origin 中使用 Excel 工具,工作表中的数据与 Excel 工作簿数据源不再关联,本例以此方式打开,如图 16 - 4 所示。

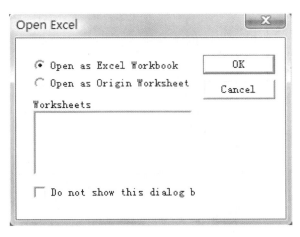

图 16 - 3　打开 Excel 工作簿对话框

	A[X]	B[Y]	C[Y]	D[Y]	E[Y]	F[Y]	G[Y]	H[Y]	I[Y]
1	序号	载荷/N	n1/r/min	n2/r/min	T1/Nm	T2/Nm	ε /%	η /%	
2	1	0	801	799	0.46	0	0.24969	0	
3	2	30	801	798	2.4	1.75	0.37453	72.64357	
4	3	60	799	796	3.45	2.63	0.37547	75.94566	
5	4	90	799	794	4.39	3.45	0.62578	78.09591	
6	5	120	798	786	5.33	4.33	1.50376	80.01665	
7	6	150	799	740	6.03	4.8	7.38423	73.724	
8	7	180	798	670	6.27	5.21	16.0401	69.76572	
9	8	210	797	586	6.68	5.51	26.47428	60.64771	
10									

图 16 - 4　通过打开已存在的 Excel 工作簿输入实验数据

16.2.2　快速作图

在作图之前,首先要进行数据的关联设置。根据 $T_2 - \varepsilon$ 和 $T_2 - \eta$ 之间的关系,应将 T_2 设置为自变量,即双击数列字母"F[Y]",打开"Worksheet Column Format"对话框,将 plot designation 中的"Y"改选为"X",然后单击"OK"按钮,这时 F[Y]变为 F[X2],G[Y]变为 G[Y2],H[Y]变为 H[Y2]。

用鼠标选中要绘图的数据。在本例中要选中 F:H 列,单击命令"Plot→Line + Symbol",得到图 16 - 5 所示的曲线图。

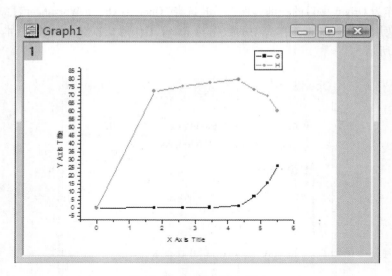

图 16 - 5　初步绘制的曲线图

16.2.3　实验数据处理

在实验数据处理中,经常需要对实验数据进行线性回归和曲线拟合,用以描述不同变量之间的关系,找出相应函数的系数,建立经验公式或数学模型。Origin 提供了强大的线性回归和曲线拟合功能。本例首先对 $T_2 - \varepsilon$ 曲线进行拟合:右击此曲线,选择"Set as Active",则 $T_2 - \varepsilon$ 曲线拟合的数据被激活,然后选择菜单命令"Analysis→Fit Gaussian",则就完成了对数据的高斯拟合。拟合的曲线在图形窗口,拟合模型的参数和相关系数 R 等在结果记录窗口。同理,可对 $T_2 - \eta$ 曲线进行高斯拟合,其最后结果如图 16 - 6 所示。

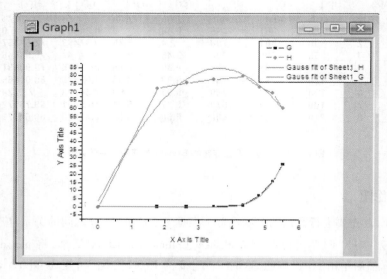

图 16 - 6　拟合后的图形窗口

16.2.4　图形修饰

1）对坐标轴的操作

Origin 中的二维图层具有一个 XY 坐标轴系,在缺省情况下仅显示底部 X 轴和左边的 Y 轴,通过设置可使四边的轴完全显示。本例由于因变量有两个:ε 和 η,故应显示左右两侧的 Y 轴。对 Y 坐标轴双击,出现一个 Y 轴参数编辑的对话框,如图 16 - 7 所示。选中"Title & Format"选项卡,在轴的位置(Selection)列表框中选择:"Right",在"Show Axis & Tick"方框中打钩,对主标尺线(Major)和次标尺线(Minor)分别选择"In";选中"Scale"选项卡,编辑的参数范围:From 中填"- 10",To 中填"90";主标尺增量(Increment)填"20",选中"Tick Labels"选项卡,在"Show Major Label"方框中打钩,然后单击"确定"按钮,其结果如图 16 - 8 所示。

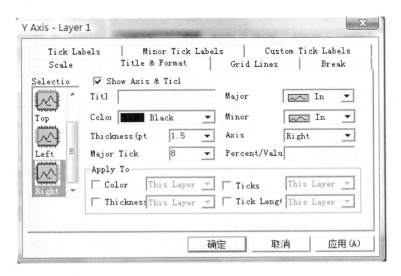

图 16 - 7　Y 轴参数编辑对话框

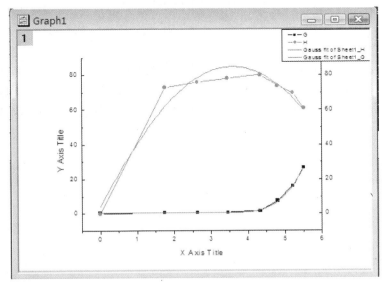

图 16 - 8　坐标轴设置后的图形窗口

2）对坐标轴名称的操作

右击"Y Axis Title"，在出现的快捷菜单中选"Properties…"命令，在出现的"Text Control"对话框中，将"Y Axis Title"改为"$\varepsilon\backslash\%$"，字体设置为"Times New Roman"，字的大小设置为"24"；右击位于右边的 Y 轴右侧，在出现的快捷菜单中选"Add Text"命令，输入"$\eta\backslash\%$"，再右击"$\eta\backslash\%$"，在出现的快捷菜单中选"Properties…"命令，在出现的"Text Control"对话框中，在 rotate 框中填入"90"，其他设置同"$\varepsilon\backslash\%$"。同理，可将 X 坐标轴名称改为"T2/（Nm）"。

3）对图例的操作

对准图例左击，这时图例框四周出现八个方形小黑块，表示整个图例可以移动，将其拖到左上方。右击图例，在出现的快捷菜单中选"Properties…"命令，在出现的"Text Control"对话框中，将说明按实际修改，得到图形窗口的最终结果，如图 16-9 所示。

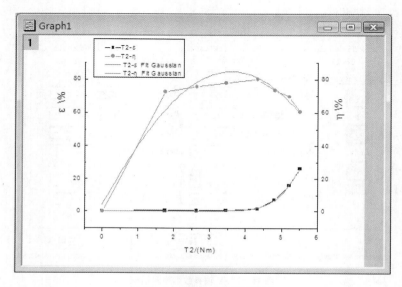

图 16-9　经修饰后的图形窗口

16.2.5　图形输出

一般情况下，可以将 Origin 图形输出成为某种格式的图形文件，以备其他程序调用。打开"File"菜单，选择"Export Page…"，在"保存类型"下拉菜单中选择图形格式。对于使用 Word 程序，建议选用"EMF"格式，因为它不是用点阵形式输出的，故在 Word 程序打印时不会出现虚点。

附录1　实验报告的撰写方法

按照实验目的,实验报告有学术实验报告和学生实验报告两种。学术实验报告多数是针对某一科研项目所进行的实验研究或论证,往往包含有新的探索或创造性的成果;而学生实验报告是实验课的重要组成部分,也是考核实验成绩的依据之一。学生写实验报告,一方面是对实验的结果进行整理、总结、分析和讨论,以培养实验技能和验证设计理论;另一方面是培养对技术科学报告或文献的写作能力。

一、学生实验报告的内容

学生实验报告的内容一般包括实验名称、实验目的、实验原理、实验装置、实验步骤、数据处理、实验结果、分析与结论、回答问题和附录等。对于某一项具体实验,可根据实际情况,对以上内容进行适当的合并或删减。

1）实验名称

学生所进行的实验有指定实验名称的实验,也有根据学生自己学习需要自行独立设计的实验,对于后一类实验,应按实验内容,精心推敲,拟定实验名称,以简洁的标题概括实验的特征,使读者一目了然。

2）实验目的

任何实验应有明确的目的,并应在实验报告的开头部分写出。如实验目的可分成多项时,则宜用分行形式写出,务求简明扼要。对于自行设计的实验,要注意根据实验目的合理确定实验内容。

3）实验原理

实验原理部分应扼要地叙述所进行实验的理论依据、实验方案及重要的数学表达式。在叙述过程中,对一些众所周知的原理宜简略,把重点放在与实验直接有关的原理上。必要时,除文字说明外,还应给出实验原理框图或简图。数学表达式作为实验原理的一部分,一般只需列出结果,避免繁琐的推导过程。

4）实验装置与实验步骤

实验装置与实验步骤应包括介绍实验所用的主要仪器设备以及说明测量方法等内容。介绍仪器设备时应简要说明该设备或仪器的型号、结构与特点、主要组成部分、使用方法和操作规程等。说明方式可根据具体情况决定,可以采用文字说明,也可用文字与图形相结合的方式说明。

5）数据处理和实验结果

实验测量所得的各种数据,由于受各种因素的影响,不可避免地存在一定的误差,所以,即使名义上实验条件不变,测量的数据也不可能完全重复一致,总存在一定的离散性。为此,要对测量数据进行适当的加工处理。实验数据处理正确与否,关系到能否得出精确可信的结果和正确的结论,因此必须认真对待。

用曲线表示实验结果具有直观明了的优点,它能表明某一参数变化的趋势,而且与其他分析方法联系起来,有助于得出经验公式。因此常作为数据的一种表达方式。

实验数据表格化也是最常用的一种表达形式。表格的设计和表格中数据的排列既要有科学性,又要符合阅读的逻辑思维,使人们能从实验数据的演变中,自然地得出某种科学结论。

6) 分析和结论

对实验的结果进行分析,找出某一物理量的变化趋势或规律,从而得出正确的结论,这是实验的成果,也是实验报告的核心,同时也体现出学生综合运用知识的能力。为此,要对实验结果进行反复分析研究,以期得出正确的判断和推理。对于实验中一些难以解释的现象,也可以在此提出,以便进一步分析研究。如果实验中走过弯路或教训具有一定普遍意义,也可写出,以供借鉴。此外,还可以提出对实验的改进意见或设想。

7) 附录

对于一些在实验报告正文中不便列入的有参考价值的内容和资料,如数学公式的推导、实验数据处理程序等,都可编排在附录中。

二、学生实验报告的要求和注意事项

实验报告要求计算正确、论述清楚、文字精练、图线规范、书写工整。同时还应注意以下事项:

(1) 计算内容的书写,只需列出计算公式,代入有关数据,最后写出计算结果并标明单位,写出简短的结论和说明,不必列出运算过程。

(2) 实验数据曲线均应绘制在坐标纸上,在坐标轴上应标明物理量的名称和单位,选用合适的比例尺。实验的数据点应当用记号标出,如"●"、"×"、"Δ"等。当把数据点连成曲线时,不要用直线逐点连接成折线,而应当用曲线板描出光滑均匀的曲线。该曲线应与大多数点接近,并使曲线两侧的点数近于相等。

(3) 在实验报告中要注意有效数字的概念及其运算法则,以避免计算或记录过多的位数。有效数字就是能够正确表示测量数据或结果所必需的数字,它由准确数字和欠准确数字组成,欠准确数字处在有效数字的最末一位。例如:256、25.6、0.256 及 256×10^4 都是三位有效数字。

加减法运算时,参与运算的各数据中小数点后位数最少的位数要相同。例如:$25.6 + 0.006\,5 + 4.211$ 应写成 $25.60 + 0.01 + 4.21 = 29.82$。

乘除法运算时,所得积和商的有效数字位数不应超过参与运算各数据中位数最少的有效数字的位数。例如:$14.24 \times 1.21 = 17.2$。

(4) 在实验报告中,应对实验结果结合基本理论进行分析讨论,做出结论,并对所产生的实验误差加以分析,了解误差的规律和产生的原因,以便正确处理数据。为帮助学生思考,进一步加深对实验内容的理解,巩固掌握实验的原理和步骤,常常有针对性地提出若干问题供学生分析思考,学生应认真地以书面形式回答问题。

附录 2 CQYJ－12 型静态电阻应变仪简介

一、主要技术指标

测量范围：$-30\,000 \sim +30\,000\mu\varepsilon$

零点不平衡：$-10\,000 \sim +10\,000\mu\varepsilon$

灵敏度系数设定范围：$2.00 \sim 2.55$

基本误差：$\pm 0.2\%$

自动扫描速度：1 点/2s

测量方式：1/4 桥、半桥、全桥

零点漂移：$\pm 2\mu\varepsilon/4h$；$\pm 0.5\mu\varepsilon/℃$

桥压：DC2.5V

分辨率：$1\mu\varepsilon$

测数：12 点

显示：LCD，分辨率为 128×64 显示　测点序号、6 位测量应变值

电源：AC 220V（$\pm 10\%$），50Hz

功耗：约 10W

外形尺寸：$320mm \times 220mm \times 148mm$（宽×深×高），深度含仪器把手

二、面板功能按键说明

功能按键（按照从左至右顺序）定义如下：

（1）校时键：按该键后对本仪器时间进行校正。

（2）K 值键：按该键后进入应变片灵敏系数修改状态。灵敏系数设置完毕后自动保存，下次开机时仍生效。

（3）设置键：暂无操作功能。

（4）保存键：暂无操作功能。

（5）背光键：按该键背光熄灭，再按该键背光闪亮。

（6）手动键：按该键进入手动测量状态。

（7）自动键：按该键进入自动测量状态。

（8）校零键：按该键进入通道自动校零。

（9）CE 键：按该键清除错误输入或退出该功能操作。

（10）联机键：静态应变数据采集分析系统（计算机程控）联机、退出手动测量操作。

（11）确定键：按该键确定该功能操作。

（12）▲、▼键：上、下项目选择移动键。

（13）0~9键：数字键。

三、组成及结构

CQYJ-12型静态电阻应变仪系统如附图1所示。

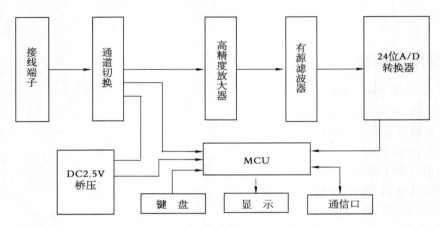

附图1 CQYJ-12型静态电阻应变仪系统

四、使用及维护

1）准备工作

（1）根据测试要求，可使用1/4桥、半桥或全桥测量方式。

（2）建议尽可能采用半桥或全桥测量，以提高测试灵敏度及实现测量点之间的温度补偿。

（3）CQYJ-12型静态电阻应变仪与AC 220V,50Hz电源相连接。

2）接线

（1）电桥接线端子与测量桥原理对应关系如附图2所示。A、B、C、D、D_1、D_2为测量电桥的接线端，全桥测试时不使用D_1、D_2接线端。

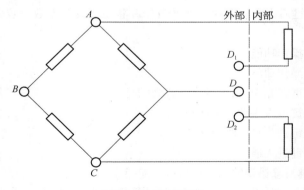

附图2 测量桥接线图

（2）组桥方法。CQYJ－12 型静态电阻应变仪在应变测试中 1/4 桥-半桥单臂公共补偿的接线法如附图 3 所示,半桥测试接线法如附图 4 所示,全桥测试接线法如附图 5 所示。当 1/4 桥和半桥测试时需连接短接线;全桥测试时应将 D、D_1、D_2 之间的短接线断开,否则可能会影响测试结果。为方便使用,1/4 桥和半桥测试时,出厂时已配短接片。

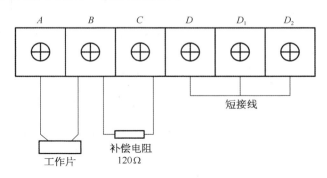

附图 3　1/4 桥-半桥单臂公共补偿接线法

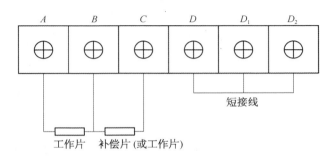

附图 4　半桥测试接线法

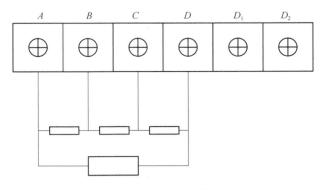

附图 5　全桥测试接线法

3）设置灵敏度系数

为适应用户在一次测试中可能使用不同灵敏度系数应变片的情况,该仪器的灵敏度系数设置方法有在测试前设定和在测试状态设定两种方法。使用方法如下:

在测试前按下 K 值键,则进入到灵敏度系数设定状态,修改完成后,按确定键退出。

如在测试状态按下 K 值键,也进入到灵敏度系数设定状态,修改完成后,同样按确定键退出。

CQYJ－12 型静态电阻应变仪的灵敏度系数设定范围为 2.00 ~ 2.55,出厂时设为 2.20。系统将根据用户设定的该点灵敏度系数自动进行折算。

4）测量

（1）在自动测量状态下,仪器待电阻应变片预热 5min 后即可进行测试。按校零键,应变仪可进行所有测点的桥路自动平衡。此时,通道显示从 01 依次递增到 12,LCD 液晶显示屏依次进行显示。同时校零指示灯在 LCD 液晶显示屏显示。

（2）进入自动测量状态时,测量的同时会在 LCD 液晶显示屏显示相应的通道号（从 01 依次递增到 12）和应变值。

（3）在手动测量状态下,仪器待电阻应变片预热 15min 后即可进行测试,校零同上。

（4）进入手动测量状态时,按数字键选择通道号进行测量,同时在 LCD 液晶显示屏显示相应的通道号和应变值。

（5）如通道出现短路状况,静态应变仪在 LCD 液晶显示屏上会显示该通道"桥压短路"的字样,同时报警;通道短路消除,静态电阻应变仪自动恢复该通道测量。

五、使用注意事项

（1）1/4 桥测量时,测量片与补偿片阻值、灵敏度系数应相同。同时温度系数也应尽量相同（选用同一厂家、同一批号的应变片）。

（2）接线时如采用线叉,应旋紧螺钉,以防止接触电阻变化。

（3）长距离多点测量时,应选择线径、线长一致的导线连接测量片和补偿片。同时导线应采用绞合方式,以减小导线的分布电容。

（4）仪器应尽量放置在远离磁场源的地方。

（5）应变片不得置于阳光下暴晒。测量时应避免高温辐射和空气剧烈流动的影响。

（6）应选用对地绝缘阻抗大于 $500M\Omega$ 的应变片和测试电缆。

（7）测量过程中不得移动测量导线。

参 考 文 献

［1］濮良贵,纪名刚.机械设计.9 版.北京:高等教育出版社,2013.

［2］孙桓,陈作模.机械原理.8 版.北京:高等教育出版社,2013.

［3］郑文纬.机械原理实验指导书.2 版.北京:高等教育出版社,1989.

［4］姚交兴,马骥,施高义,等.机械工程实验.上海:上海科学技术文献出版社,1986.

［5］宋立权.机械基础实验.北京:机械工业出版社,2005.

［6］高为国,朱理.机械基础实验.武汉:华中科技大学出版社,2006.

［7］管伯良,等.机械基础实验.上海:东华大学出版社,2005.

［8］朱文坚,谢小鹏,黄镇昌.机械基础实验教程.北京:科学出版社,2005.

［9］蒯苏苏,周链.机械原理与机械设计实验指导书.北京:化学工业出版社,2007.

［10］陈亚琴,孟梓琴.机械设计基础实验教程.北京:北京理工大学出版社,2006.

［11］叶卫平,方安平,于本方.Origin 7.0 科技绘图及数据分析.北京:机械工业出版社,2003.